U0378363

みんなが知りたい！単位のすべて 暮らしから勉強まで役立つ知識としくみ

看得见的单位

[日]“单位的一切”编辑室 编著
丁丁虫 译

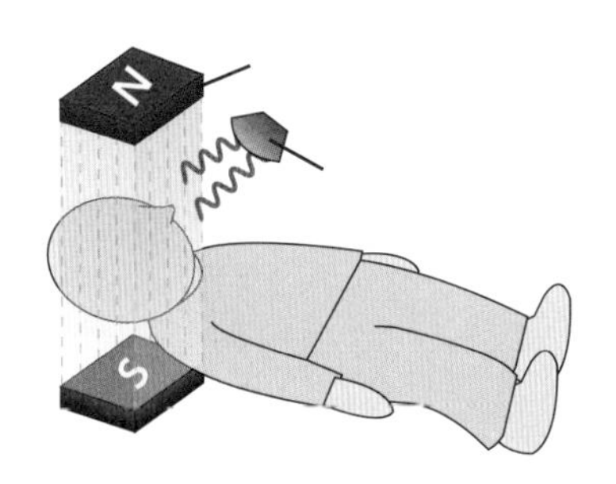

北京时代华文书局

图书在版编目（CIP）数据

看得见的单位 / 日本“单位的一切”编辑室编著；丁丁虫译 . -- 北京：北京时代华文书局，2024. 9.
ISBN 978-7-5699-5547-7

Ⅰ . TB91-49

中国国家版本馆 CIP 数据核字第 2024BK8866 号

Original Japanese title: MINNAGA SHIRITAI! TANI NO SUBETE KURASHI KARA BENKYO MADE YAKUDATSU CHISHIKI TO SHIKUMI

Original Japanese edition published by MATES universal contents Co., Ltd.
Simplified Chinese translation rights arranged with MATES universal contents Co., Ltd. through The English Agency (Japan) Ltd. and Shanghai To-Asia Culture Co., Ltd.

北京市版权局著作权合同登记号 图字：01-2024-1098

KANDEJIAN DE DANWEI

出 版 人：陈 涛
策划编辑：邢 楠
责任编辑：邢 楠
装帧设计：孙丽莉 段文辉
责任印制：刘 银 訾 敬

出版发行：北京时代华文书局 http://www.bjsdsj.com.cn
北京市东城区安定门外大街 138 号皇城国际大厦 A 座 8 层
邮编：100011 电话：010-64263661 64261528
印 刷：河北京平诚乾印刷有限公司
开 本：710 mm×1000 mm 1/16 成品尺寸：165 mm×240 mm
印 张：9.5 字 数：103 千字
版 次：2024 年 9 月第 1 版 印 次：2024 年 9 月第 1 次印刷
定 价：49.80 元

前言

你能想象一个没有“单位”的世界吗?

如果没有单位，你简直都没办法和朋友们一起玩。想想看，去朋友家的时候会用到时间单位，和朋友平分果汁和蛋糕的时候会用到体积、质量或者角度单位。吃完点心想要去户外玩的时候，又会用到天气和温度的单位。

也许你会觉得，“单位有什么少不了的”，但看完这本书，我相信你一定会意识到身边原来存在着这么多的单位，而且它们还是如此重要。

单位不仅仅支撑着我们的日常生活，它们也是协助我们探索和理解世界及宇宙的工具，而且还会帮我们理解和表达自己。在我们想把自己的想法告诉朋友和家人的时候，或者在我们想要理解对方的时候，单位都能发挥作用。在我们没有意识到的地方，单位悄悄地丰富着我们的生活。

这些话现在你可能有点不太理解。等你们了解了单位以后，一定会兴奋起来的。希望这种“兴奋”能让你的世界变得更加广阔和新奇。请尽情享受这样的“兴奋”吧！

目　录

第一章　数的表示方法

第二章　常用单位

第三章 宇宙与地球的单位

第四章　能量、速度等物理量的单位

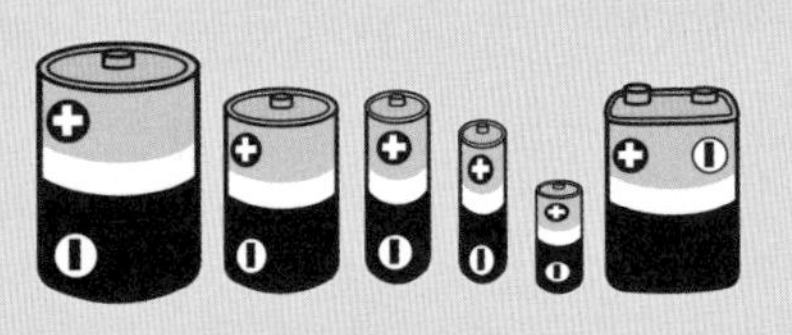

第五章 社会的单位

第六章 数字信息的单位

本书的阅读方法

这本书除了会介绍数理化学科中使用的单位，还会介绍日常生活中接触的各种单位，解释它们的由来和使用方法。

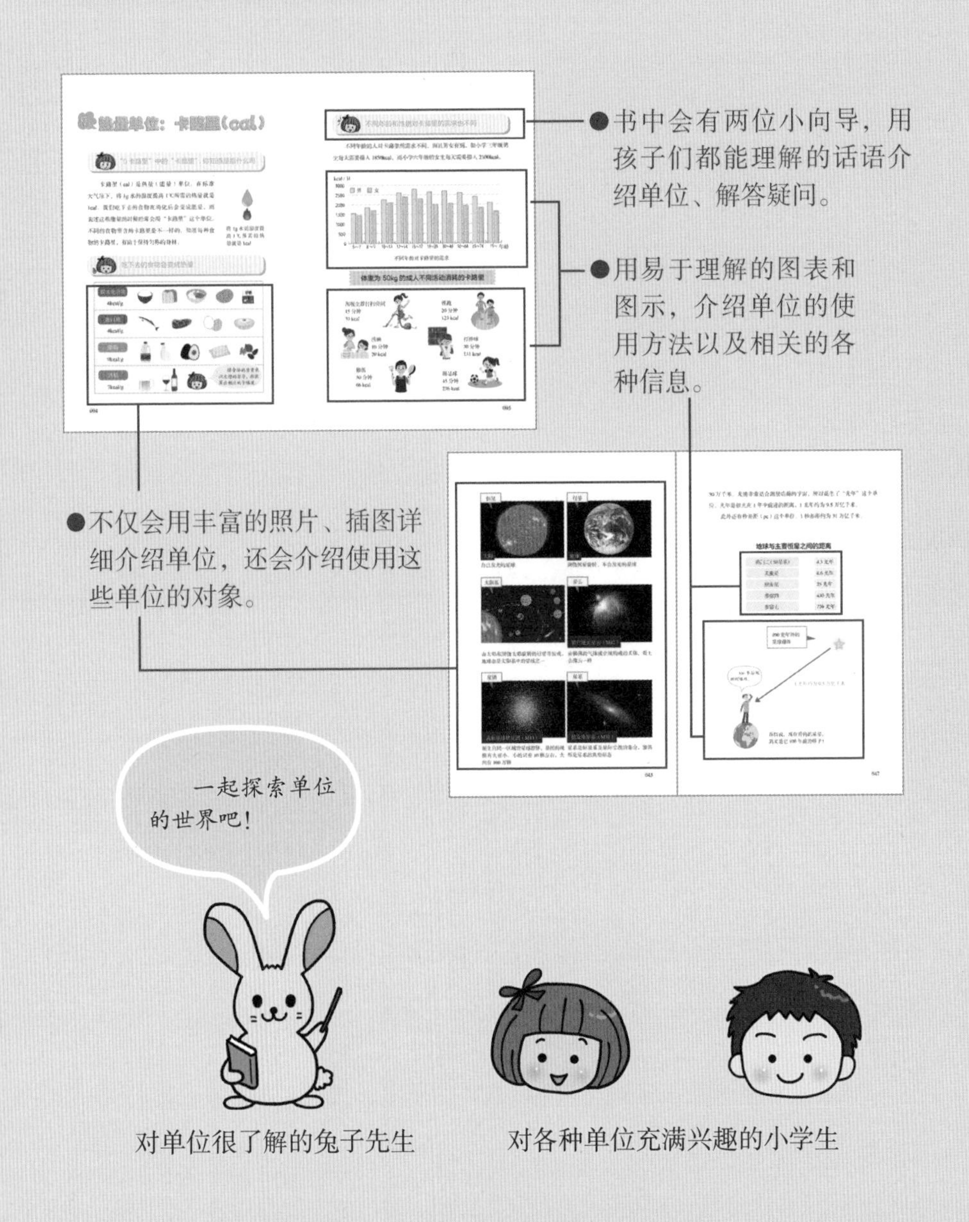

对单位很了解的兔子先生

对各种单位充满兴趣的小学生

※ 本书中的数据截至 2024 年 1 月。相关信息可能会在出版后发生变化，请多加注意。

作为“单位”科普书的切入点，我们首先要介绍单位是怎么诞生的。

其次，为了让大家熟悉本书中出现的各种大小数字，我们还要介绍数的大小关系，同时还会介绍全世界通用的标准度量衡单位系统——国际单位制（SI）。

第一章 数的表示方法

1. 古代人用的测量单位

在 6000 年前，人们将手肘到中指指尖的长度作为长度单位

在 6000 年前的美索不达米亚平原上，有过一种名叫“腕尺”（cubit）的单位。摊开手掌，从手肘到中指指尖的距离，就是 1 个单位。1 腕尺的长度差不多相当于今天的 50 厘米（cm）。在古代，很多国家都采用腕尺这个单位，但不同国家的 1 腕尺长度并不相同，所以在国家之间进行贸易时很不方便。

早在 7000 年前，古埃及就开始用天平称重

早在 7000 年前，古埃及就在用天平称量物体的质量。古埃及文书《死者之书》（*Book of the Dead*）中就有对天平的描写。天平砝码的单位叫作“别卡”，1 别卡约 13.7 克（g），它是埃及最古老的单位之一。

在古代中国，秦始皇分发统一单位的“升”和“权”

公元前221年，首次统一中国的秦始皇，将原本各个诸侯国都不相同的长度、质量等单位，还有货币、文字都做了统一。为了统一单位，秦始皇下令制作了许多容量相同的“升”、质量相同的“权”，并分发到全国让大家使用。

如果大家都使用同样的“升”和“权”，就不会出错了！

在古希腊，用步行的距离作为“斯泰德”（stadion）的长度

古希腊使用的长度单位“斯泰德”，指的是一段时间内的步行距离。这段时间，是从早晨太阳刚刚自地平线上冒头，到完全冒出地平线为止的时间，大约2分钟。在这段时间里，人可以步行180米（m）左右。古代竞技场会按照这个“斯泰德”的距离放置两块石头，分别标识起点和终点。

“体育场”（stadium）这个词就来自“斯泰德”（stadion）。

2. 小数点、10 的幂、词头

小于 1 的数，用小数点表示

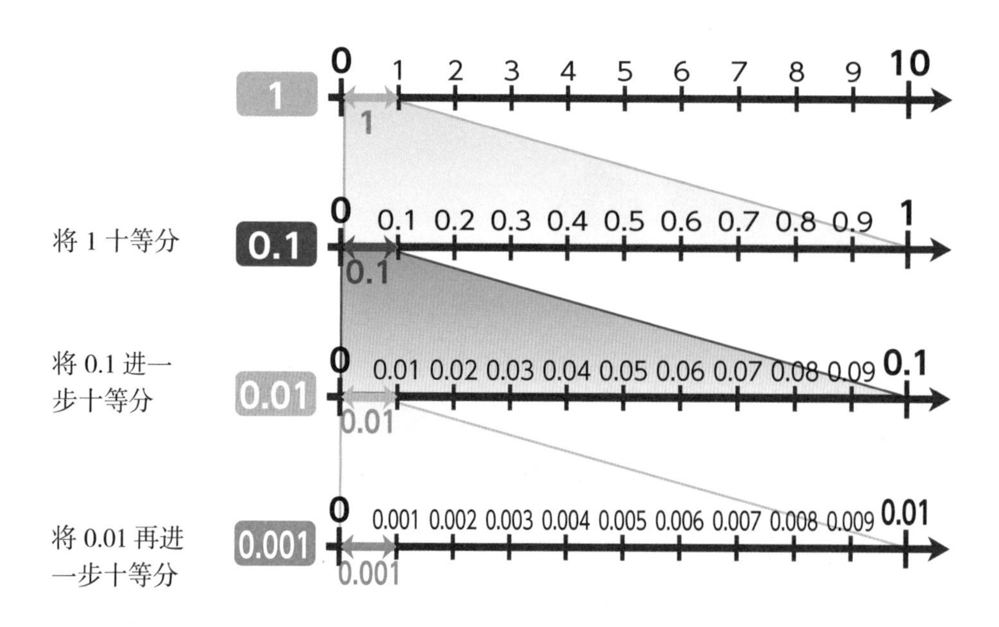

像“10 000”这种带有很多 0 的数，可以用“幂”来简化它的形态

$10^2=10\times10=100$

$10^3=10\times10\times10=1000$

$10^4=10\times10\times10\times10=10\ 000$

$10^5=10\times10\times10\times10\times10=100\ 000$

$10^{②}$ 红色圆圈标出的部分就是“幂”。它在这里读作“2次方”。

“词头”可以让我们方便地描述很大或很小的数

词头		10 进制数
尧　（Y）	10^{24}	1 000 000 000 000 000 000 000 000
泽　（Z）	10^{21}	1 000 000 000 000 000 000 000
艾　（E）	10^{18}	1 000 000 000 000 000 000
拍　（P）	10^{15}	1 000 000 000 000 000
太　（T）	10^{12}	1 000 000 000 000
吉　（G）	10^{9}	1 000 000 000
兆　（M）	10^{6}	1 000 000
千　（k）	10^{4}	1000
百　（h）	10^{2}	100
十　（da）	10	10
	10^{0}	1
分　（d）	10^{-1}	0.1
厘　（c）	10^{-2}	0.01
毫　（m）	10^{-3}	0.001
微　（μ）	10^{-6}	0.000 001
纳　（n）	10^{-9}	0.000 000 001
皮　（p）	10^{-12}	0.000 000 000 001
飞　（f）	10^{-15}	0.000 000 000 000 001
阿　（a）	10^{-18}	0.000 000 000 000 000 001
仄　（z）	10^{-21}	0.000 000 000 000 000 000 001
幺　（y）	10^{-24}	0.000 000 000 000 000 000 000 001

3. 国际单位制

国际计量大会将 7 个单位确定为世界通用单位

在过去，不同国家和地区使用不同的单位，这带来了许多不便之处，所以国际计量大会确定了世界通用的单位。这就是国际单位制（SI）。下列 7 个单位被定为 SI 基本单位。

7 个 SI 基本单位

单位的种类	名称	符号
长度	米	m
质量	千克	kg
时间	秒	s
电流	安培	A
热力学温度	开尔文	K
发光强度	坎德拉	cd
物质的量	摩尔	mol

将 SI 基本单位组合在一起，就是导出单位

以长度米（m）为例，可以用 m 的组合表示面积和体积的单位。

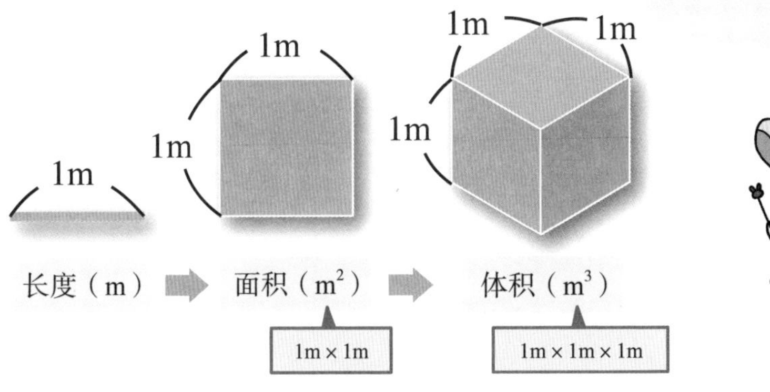

长度（m） ➡ 面积（m^2） ➡ 体积（m^3）

1m × 1m　　1m × 1m × 1m

导出单位示例

面积	平方米（m^2）	平面或曲面中图形的大小
体积	立方米（m^3）	空间中物体所占的大小
密度	千克 / 立方米（kg/m^3）	单位体积的物质质量
速度	米 / 秒（m/s）	单位时间内位置的变化量
加速度	米 / 秒 ^{2}（m/s^2）	单位时间内速度的变化量
角速度	弧度 / 秒（rad/s）	以单位时间的旋转弧度（rad）表示旋转速度

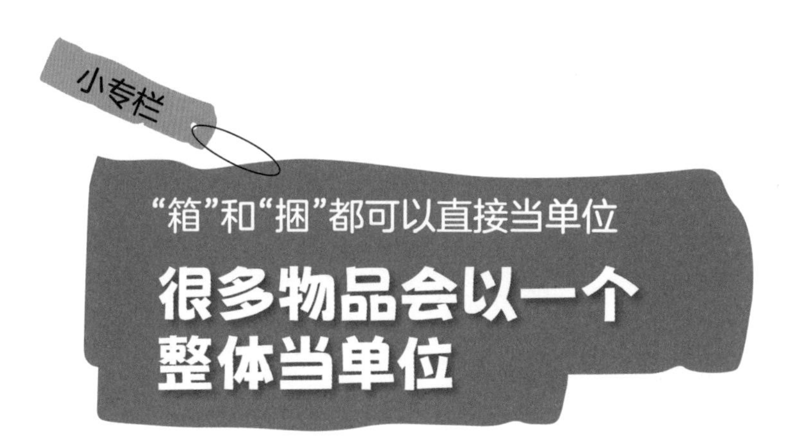

“打”（dozen）表示一个整体

将 12 个相同的物体当作一个整体，就是 1 打。

1 打 =12 个，12 打 =144 个（1 罗，gross）。

“打”经常用在铅笔、啤酒的计数上，“罗”通常用于螺丝钉的计数。

在美索不达米亚古文明时代，人们将 1 年定为 12 个月，这就是“打”的由来。

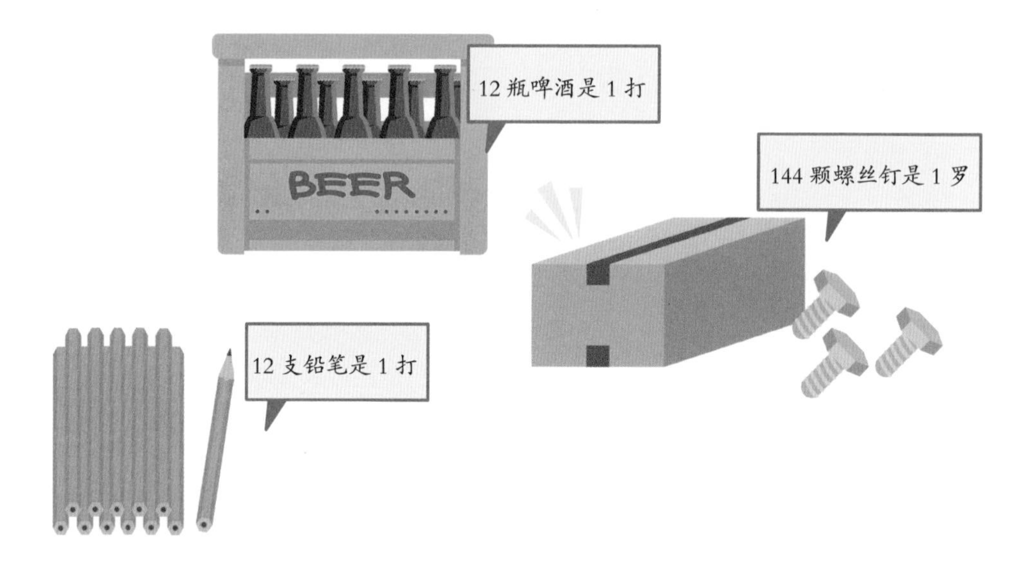

“箱”（carton）也是单位

carton 这个词的意思是“硬纸箱”，它用作单位的时候，指的是装满1箱的物品。比如说，装了12盒牛奶的1箱、装满水果的1箱等，都是用“箱”当单位。

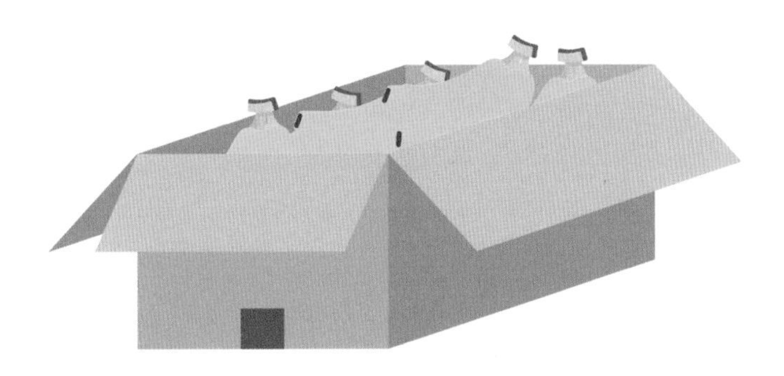

人们在计算香蕉的时候，不会数香蕉有多少根。因为香蕉的大小不同，箱子里装的数量会不一样。

我们常常需要测量、比较身边的物品，这时候就要用到各种单位，比如长度、体积、质量、时间等。知道了物品的单位，我们就能对山峰、建筑的高度产生基本的印象。

第二章 常用单位

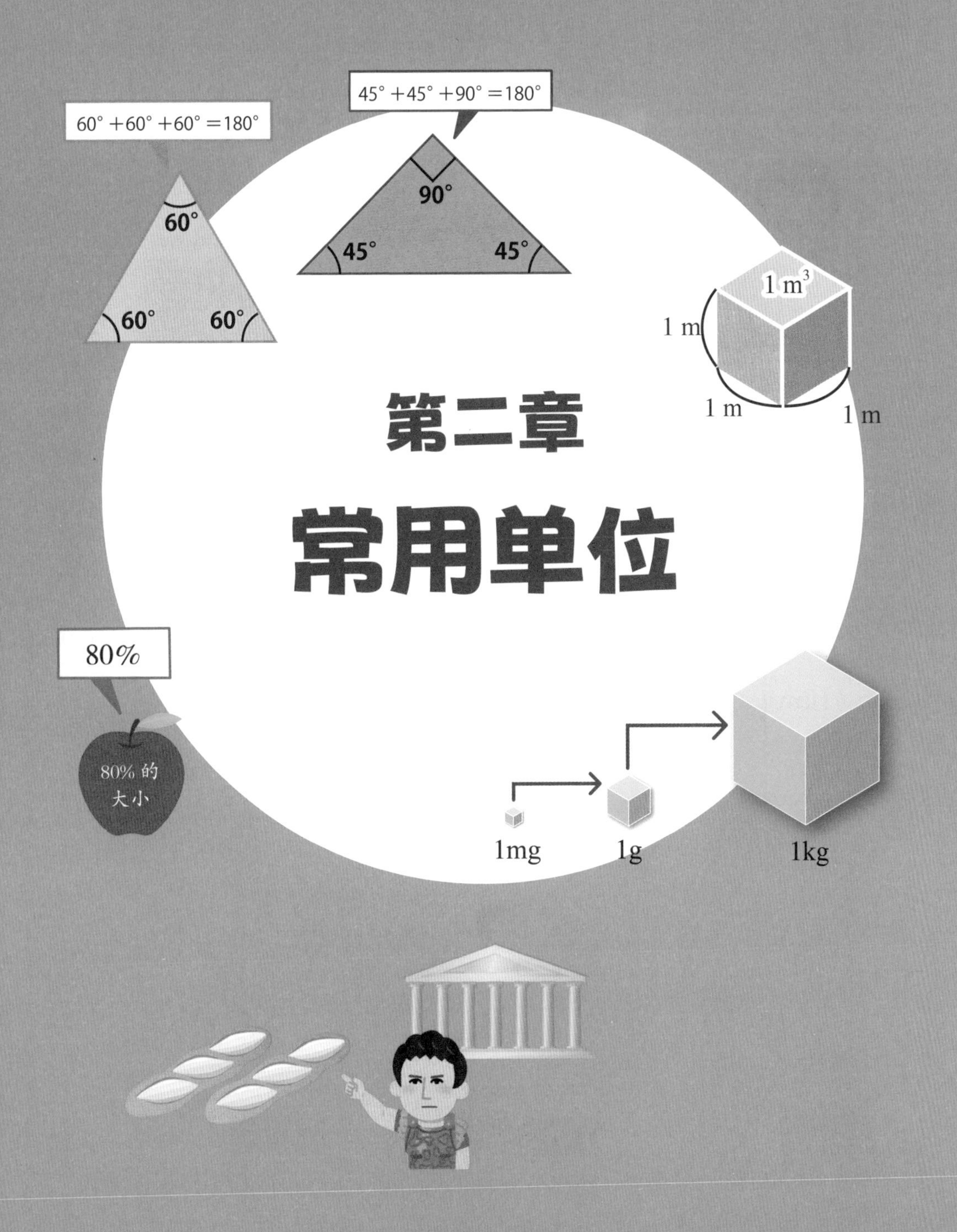

60° +60° +60° =180°
60°
60°
60°
45° +45° +90° =180°
90°
45°
45°
1 m³
1 m
1 m
1 m
80%
80% 的
大小
1mg
1g
1kg

1. 长度的基本单位：米(m)

测量长度时的常用单位：毫米(mm)、厘米(cm)、米(m)、千米(km)

长度的基本单位是米（m）。除此之外，还有毫米（mm）、厘米（cm）、千米（km）。

这些单位的关系如下图所示。

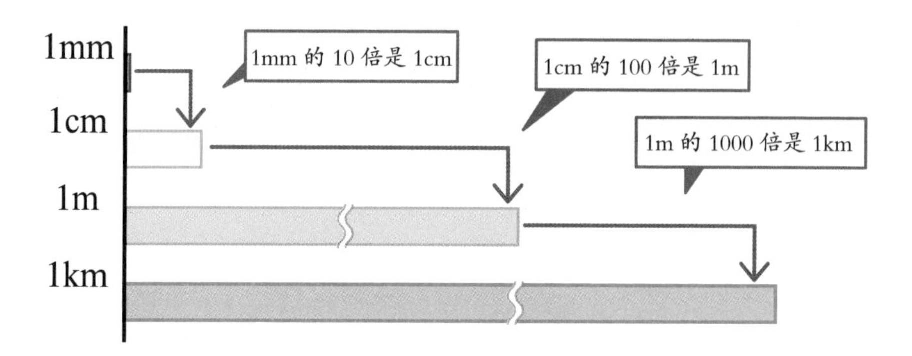

测量长度的工具

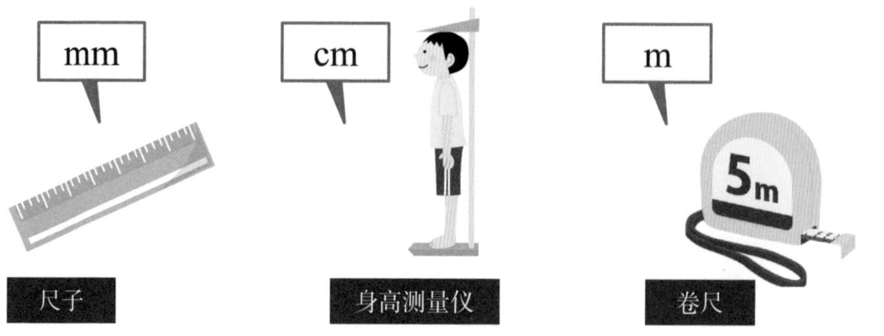

尺子
用尺子可以测量出精确到毫米（mm）的长度

身高测量仪
用厘米（cm）表示身高

卷尺
卷尺用于测量较长的物体

在表示山峰或建筑高度时，通常以米（m）为单位

我们用米（m）表示高山和建筑的高度。看，这样一对比，富士山果然很高吧。

阿倍野大厦　　富士山　　东京晴空塔

千米（km）用于表示很长的距离

在供汽车行驶的长距离公路上，指示牌用的单位是 km。而在有人步行的地铁车站里，指示牌用的单位是 m。

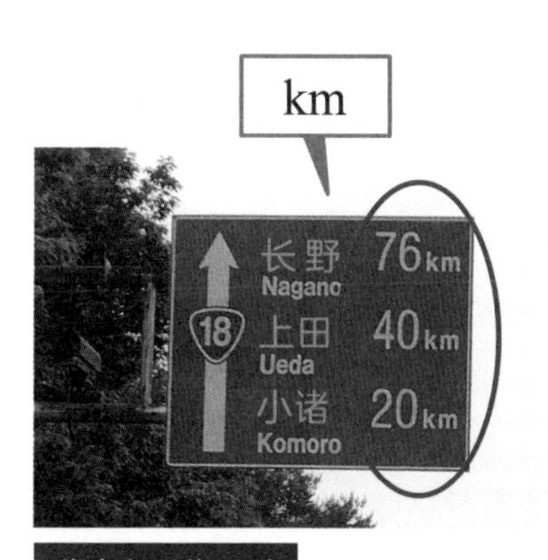

道路交通指示牌

告知驾驶员，距离上面写的各个地点还有多远

地铁指示牌

东京地铁的地下通道里也有指示牌，标注距离换乘车站还有多远

2. 长度单位：英尺（ft）、英寸（in）、码（yd）

这些都是外国表示长度的单位

英尺（ft）与英寸（in）

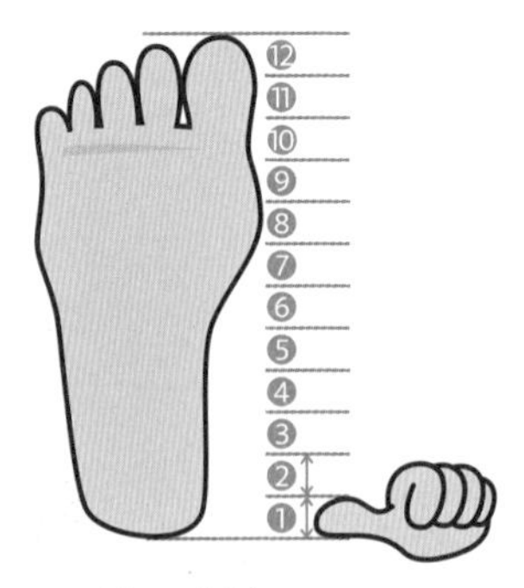

1 in = 2.54 cm
1 ft = 12 in ≈ 0.3 m

英尺和英寸是英制单位系统的长度单位。

1 英尺约等于 0.3 米。据说起初是古埃及以“人的脚掌长度”为 1 英尺，后来才传到了英国。

1 英寸等于 2.54 厘米，约为 1 个大拇指宽。

罗马人规定 12 英寸等于 1 英尺。

1959 年，国际英码磅协议明确并统一了“国际英尺 / 英寸”的长度。

12 个大拇指的宽度之和与脚掌的长度差不多。

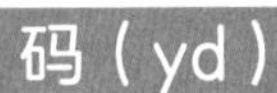

码（yd）

1 码约为 0.9 米。

关于“码”这个单位，有说法认为是“亨利一世伸直手臂，跷起大拇指，从他的鼻尖到拇指指尖的距离”，不过更可信的说法是“双腕尺的距离”。还有一种说法认为，3 英尺 =1 码。

从这些说法中，我们可以看出从前经常是用人体的一部分作为长度基准的。

英格兰国王亨利一世

这些地方也会用到英尺、英寸和码

1 米的长度，到底是怎么决定的

1799 年，人们将 1 米规定为“北极点到赤道距离的千万分之一”，并用金属制作了“国际米原器”，后于 1889 年分发到世界各地保存，作为 1 米长度的基准。

1983 年，为了更精确地规定长度，1 米被定义为“光在真空中于 1/299 792 458 秒内经过的距离”。

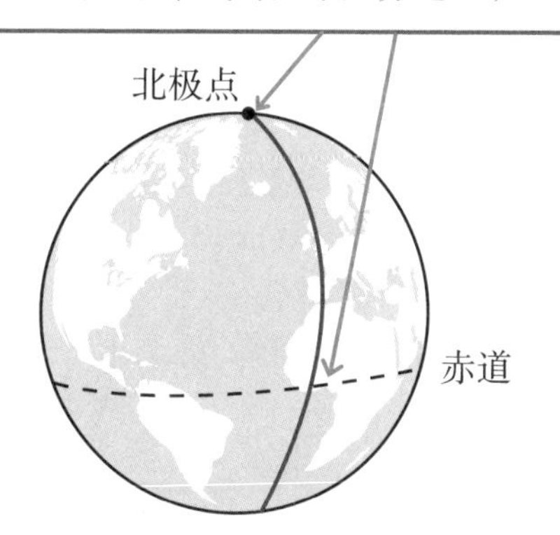

3. 面积单位：平方米（m^2）

长度单位乘以长度单位，就会得到面积单位

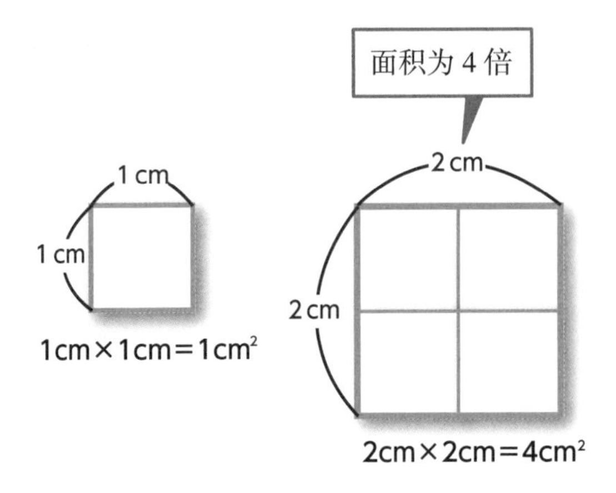

正方形的边长相乘后可以得到面积。例如，边长为 1cm 的正方形面积为 $1cm^2$，边长为 2cm 的正方形面积为 $4cm^2$，后者的面积是前者的 4 倍。

如果将边长扩展到原来的 10 倍，面积就会扩大到原来的 100 倍

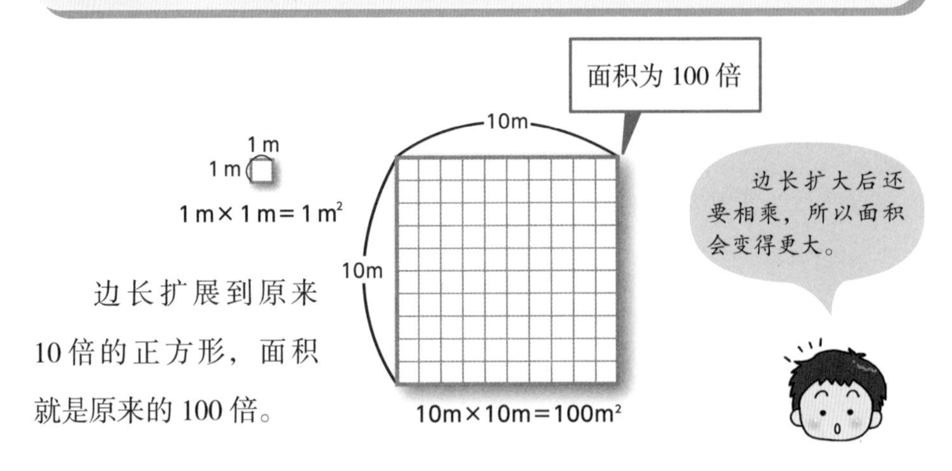

边长扩展到原来 10 倍的正方形，面积就是原来的 100 倍。

这些地方都会用到

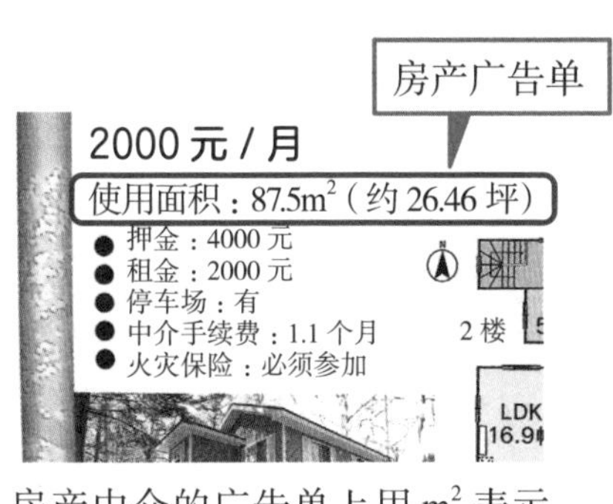

房产中介的广告单上用 m² 表示房屋的面积

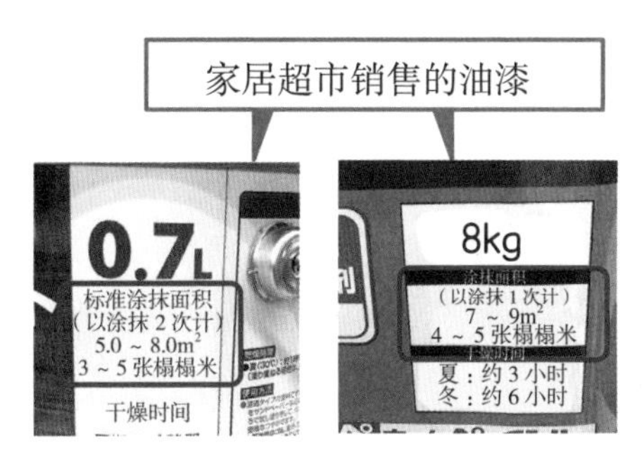

家居超市里的罐装油漆，会用 m² 表示一罐能涂抹多大面积

面积对比

排名	国家	领陆面积（km²）
1	俄罗斯	1710 万
2	加拿大	998 万
3	中国	960 万
4	美国	937 万
5	巴西	852 万
6	澳大利亚	769 万

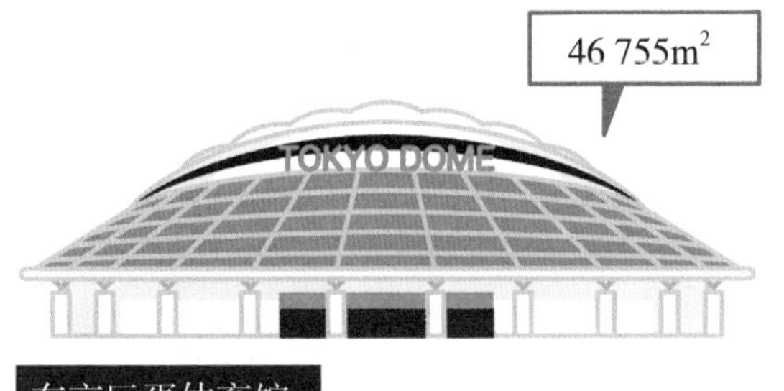

东京巨蛋体育馆

在世界各国面积排名中，中国排第 3 位。

4. 面积单位：公亩(a)、公顷(ha)、坪

“以 100 倍的量级增长”的单位

公亩（a）

在表示山川田地等较大的面积时，会使用 a 这个单位。1a 是边长为 10m 的正方形的面积，相当于 24 个乒乓球桌合在一起。

公顷（ha）

ha 是比 a 更大的面积单位。1 ha 是边长为 100m 的正方形的面积，是 1a 的 100 倍。

平方千米（km^2）

边长为 1km 的正方形面积为 $1km^2$。它是 1ha 的 100 倍，相当于 21 个东京巨蛋体育馆的面积。

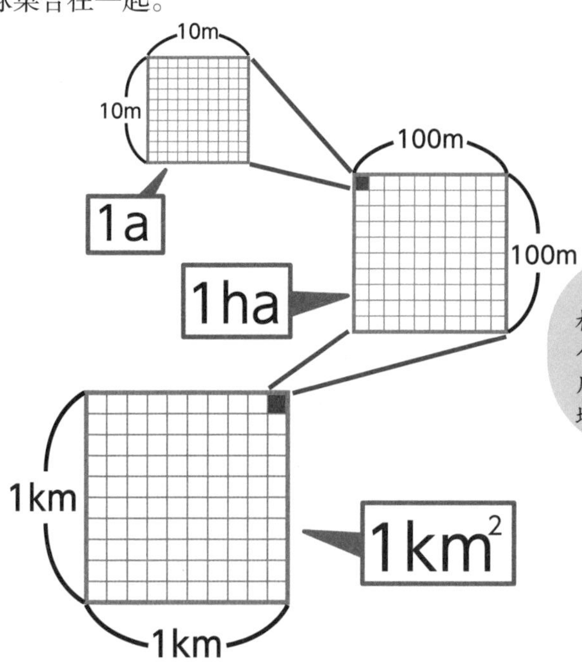

因为 $1m^2$ 和 $1km^2$ 的面积相差太大，所以 a 和 ha 这两个表示中间面积的单位也很常用。只要记住这些单位“依次增加 100 倍”，就不会搞混了！

1 坪 =2 张榻榻米的面积

1 坪是指 2 张榻榻米并排放置的面积，用于表示建筑或土地的面积。

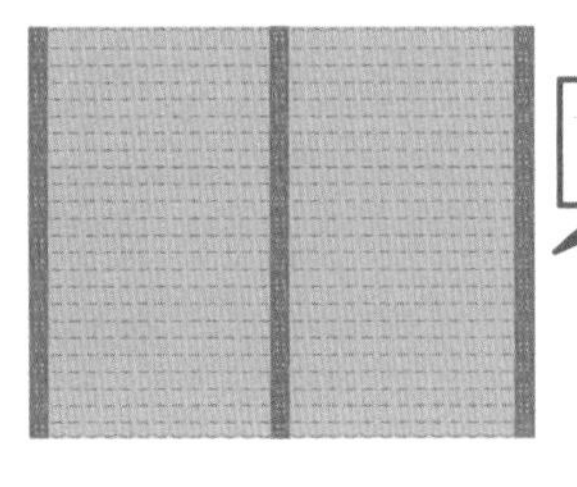

1 坪 ≈ 3.3 平方米

坪是日本的古代面积单位，除日本外，中国台湾地区也有使用。但在房地产的正式交易中，规定必须使用 m^2（平方米）。

日本战国时代施行的“太阁检地”

在日本的战国时代（1467—1600 或 1615），全日本的大名（封建领主）都会丈量自家领地中的农田土地面积，以便征收年税，这叫作“检地”。但各地大名的测量方式各不相同，也不够准确，所以丰臣秀吉在统一日本后，向全国各地派出“检地奉行”（丈量土地的官员），以全国统一的测量方法进行“检地”，准确测量田地面积，同时也梳理了田地的所有者权利，从而能够切实并合理地征收年税。因为丰臣秀吉的职位是“太阁”，所以这项制度被称为“太阁检地”。

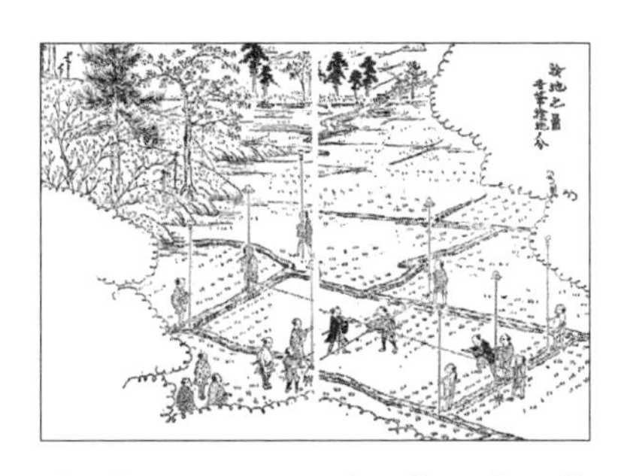

在测量田地面积时，使用全国统一的“检地竿”

5. 体积单位：立方米(m^3)

边长为 1 米（m）的正方体的体积是 1 立方米（m^3）

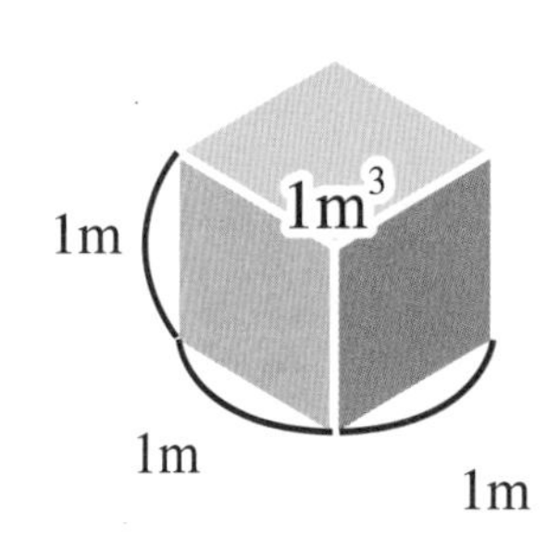

三维物体的大小，可以通过“长 × 宽 × 高”来计算，这叫作“体积”。m^3 是以 m（米）为基础的体积单位，几乎所有国家都在使用。另外，当物体边长表示为 cm 或 km 时，体积也会变成 cm^3（立方厘米）或 km^3（立方千米）。

体积的单位

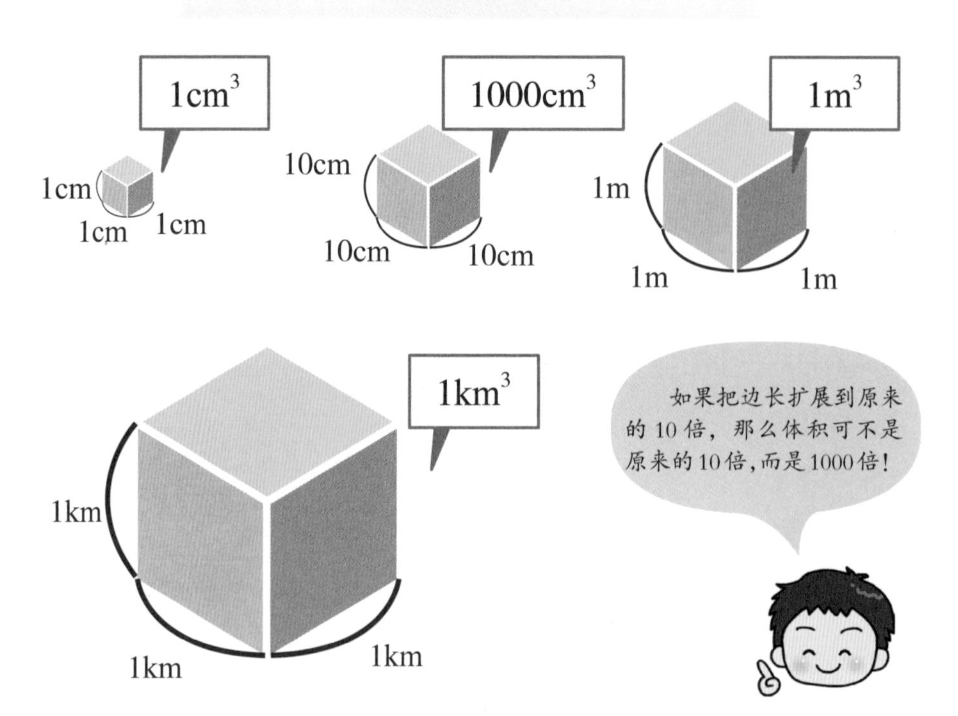

立方米（m^3）用在这些地方

燃气表

水表

看看家里的燃气表和水表吧，那上面在用 m^3 表示燃气和水的用量。

你知道它们有多大吗

东京巨蛋体育馆 约 1 240 000m^3

人们经常会用自己熟悉的建筑物来描述其他物体的大小。比如在日本，人们经常用“相当于多少个东京巨蛋体育馆”的说法来形容物体。东京巨蛋体育馆的面积约为 4.7ha，如果乘上高度，就能算出它的体积约为 1 240 000m^3。而在中国，人们也会用鸟巢体育场来形容物体的大小。

富士山

约 1400km^3（相当于约 113 万个东京巨蛋体育馆）

胡夫金字塔

约 2 350 000m^3（相当于约 1.9 个东京巨蛋体育馆）

6. 容积单位：升（L）、分升（dL）、西西（cc）

测量液体时，使用 L、dL、cc 这些单位

升（L）

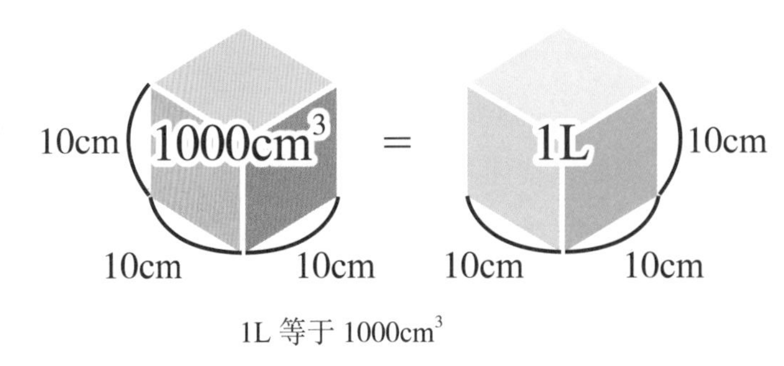

1L 等于 $1000cm^3$

我们可以把液体、粮食等装在容器里，测量它的容积，升（L）就是表示容积的单位。它诞生于 18 世纪末的法国，那也是公制单位建立的时期。1L 等于 $1000cm^3$。

在加油站加油的时候记得仔细看看！

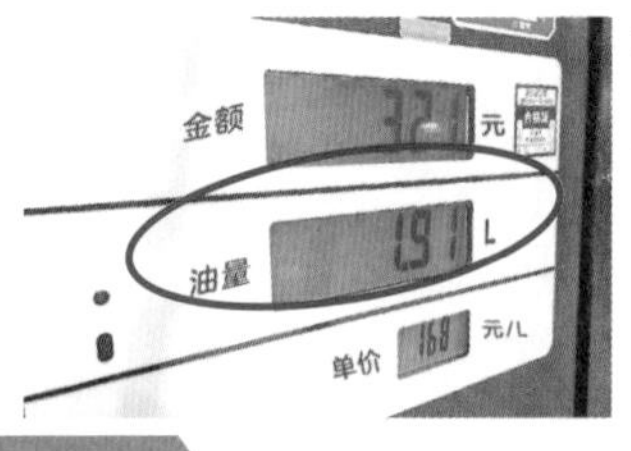

在加油站，汽油的计量用 L 表示

分升（dL）

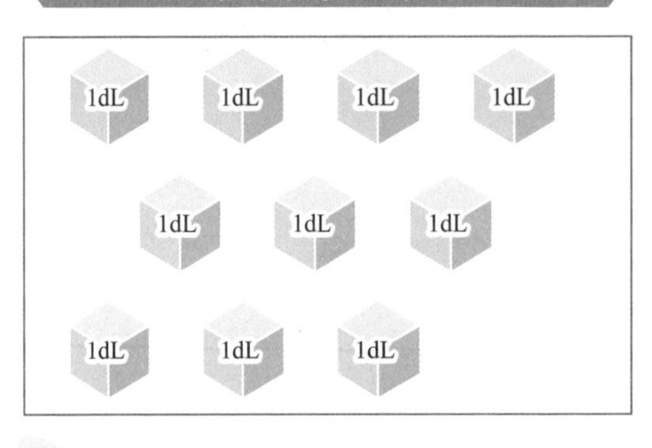

=

1dL 是 1L 的 10 分之一

1L 也可以说成 1000mL（毫升）

1mL 是 1L 的 1000 分之一。我们经常可以在各种瓶装和盒装饮料上看到这个单位。

1L 等于 1000mL，牛奶盒里装了 1L 牛奶

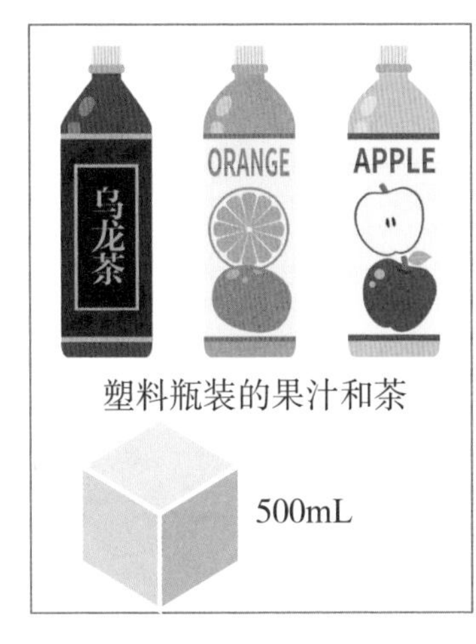

塑料瓶装的果汁和茶

500mL

小瓶饮料

350mL

插吸管的盒装饮料

200mL

cc 是烹饪中的常用单位

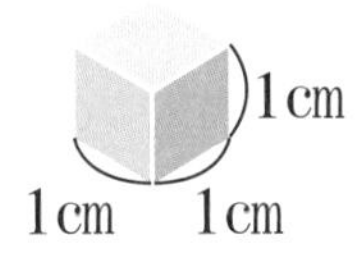

1 cc =1mL= 1 cm^3

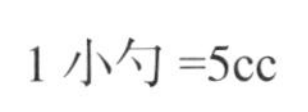

1 小勺 =5cc

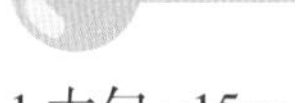

1 大勺 =15cc

计量杯 =200cc

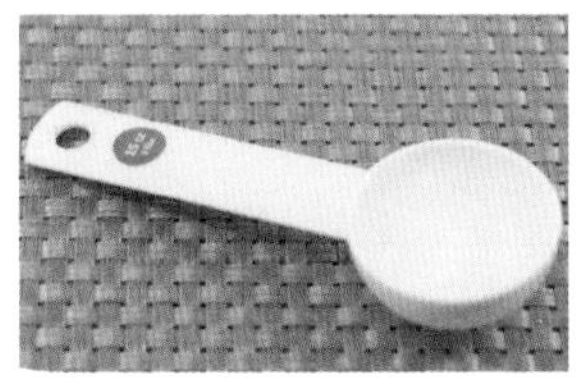

15cc 的大勺

$$1\,L = 1000mL = 1000cc$$

cc 和 mL 是相同的单位，只是名称不同。近年来全世界正在逐步统一为 mL。

7. 容积单位：加仑(gal)、桶(bbl)

这些是国外表示容积的单位

加仑（gal）

加仑是英制单位中的容积单位。

在英、美等国，用它来测量饮料、汽油等液体。

1 加仑（美国）

=

1L 装 ×3.8 个

美国的 1 加仑约 3.8 升，英国的 1 加仑约 4.5 升。

在美国，牛奶和果汁都会装在较大的容器里销售。

美国
1gal 约 3.8L

英国
1gal 约 4.5L

桶（bbl）

桶是国际上交易石油时使用的单位。

它来自当年美国进行原油运输时所用的木桶。那种木桶能装 42 加仑原油，所以 1 桶就被定为 42 加仑。

通用于全世界的石油交易
1bbl ≈ 159L（美国）

美国
1bbl 约 159L

英国
1bbl 约 190L

不用测量就能做！简易松饼

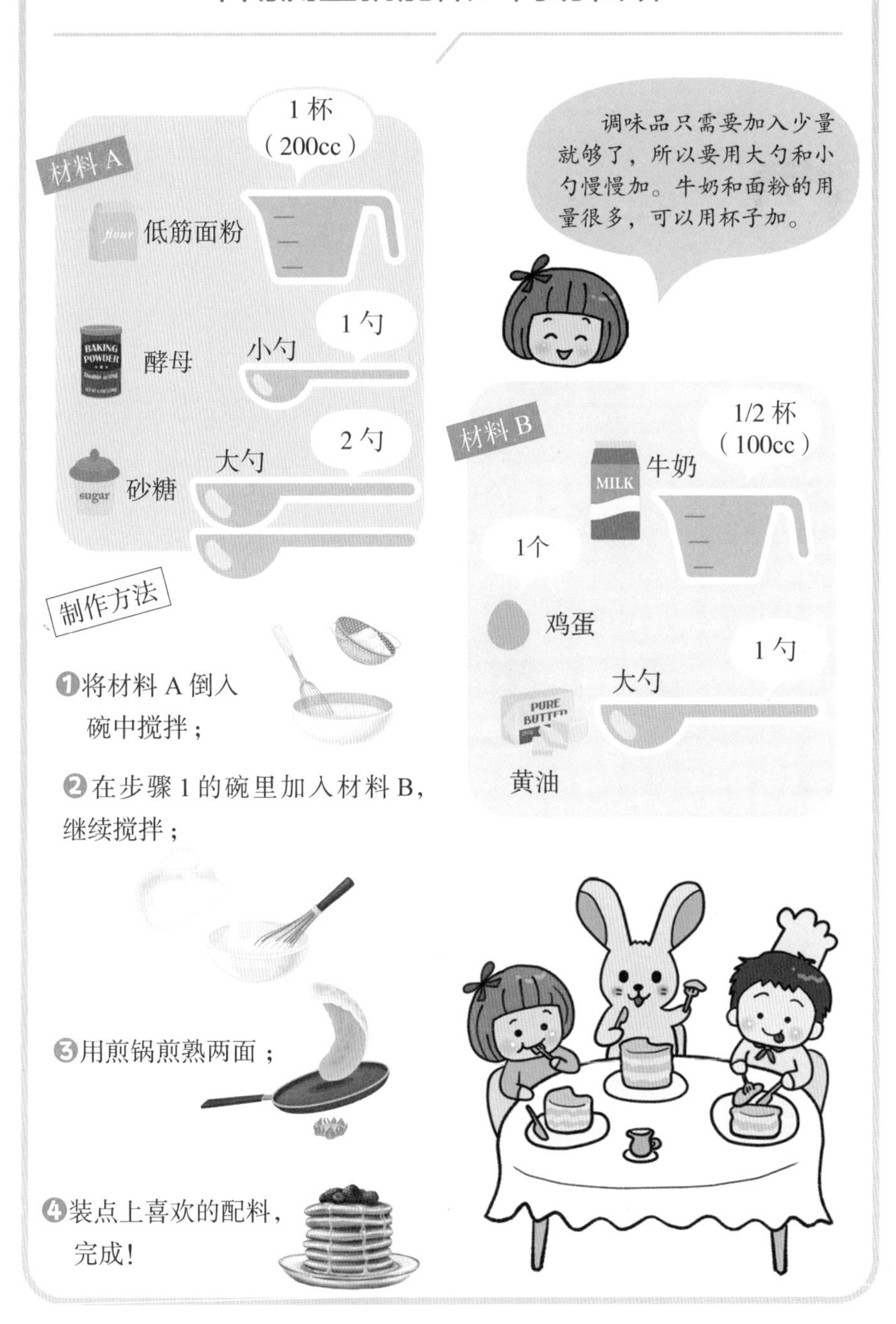

8. 质量单位：千克(kg)

许多地方都能看到质量单位克（g）

毫克（mg）

1mg 是 1g 的 1000 分之一。1 粒米约为 20mg。食品和饮料中的营养成分也会用 mg 表示。

mg 也会用在盐、味精等较轻的调味品上

克（g）

1g 是 1mg 的 1000 倍。我国的 1 分硬币的质量是 0.67g，2 分硬币是 1.08g。肉类食品在销售的时候通常以 g 为单位。

超市里销售的肉类就是以 g 为单位的

千克（kg）

1kg 是 1g 的 1000 倍。人体、农作物的质量比较大，用 mg 和 g 表示起来不方便，这时候就要用 kg 表示。

电梯的载重限制也以 kg 表示

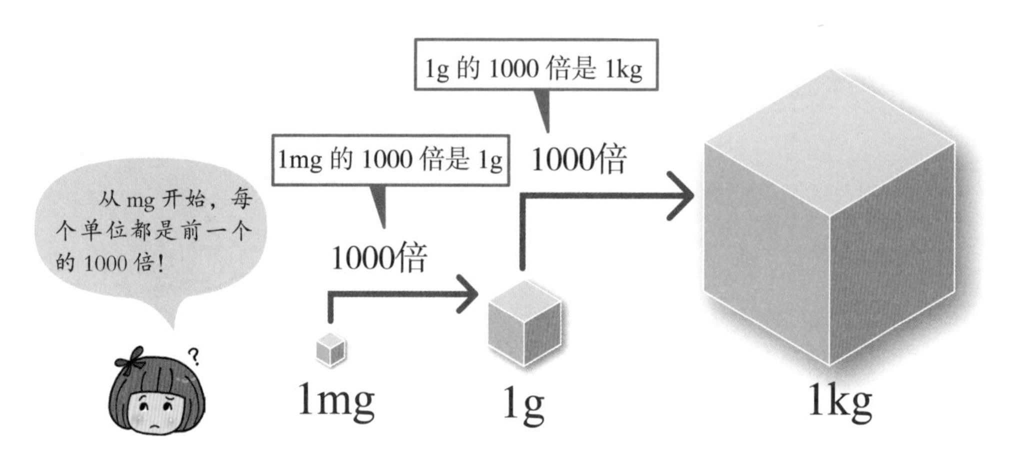

1L 水的质量就是 1kg

在 18 世纪末的法国，人们在当时的条件下精准地测量了 1L 水的质量，将这个质量定为 1kg，并制作了同样质量的砝码。不过到了 1875 年，人们放弃了这个标准，制作出国际千克原器。1889 年，经国际计量大会批准，将它的质量定为“千克”单位的标准。然而国际千克原器从制作到今天已经过去了 100 多年，人们发现原器的质量发生了微小的变化。所以后来人们通过精密实验测量出物质的基本数值，并于 2019 年 5 月 20 日“国际计量日”起正式用这个数值来定义 1kg。至此，原器结束了自己的使命。

国际千克原器

公元前 3000 年左右，人们用大麦的质量当单位

距今约 5000 年前，也就是公元前 3000 年左右，在古代美索不达米亚，人们以大麦为主食。为了表示大麦的质量，出现了“谢克尔”这种单位（也写作“舍客勒”）。180 粒大麦的质量就是 1 谢克尔。当时的人们在用银交易牛羊的时候，也会用“谢克尔”这种单位来表示银的质量。

随着时代的变迁，1 谢克尔所表示的质量也在发生变化。到了公元前 600 年左右，吕底亚王国的国王克罗伊斯根据 1 谢克尔的质量，制作了“谢克尔”货币。

9. 质量单位：吨（t）

1kg 质量的 1000 倍就是 1t

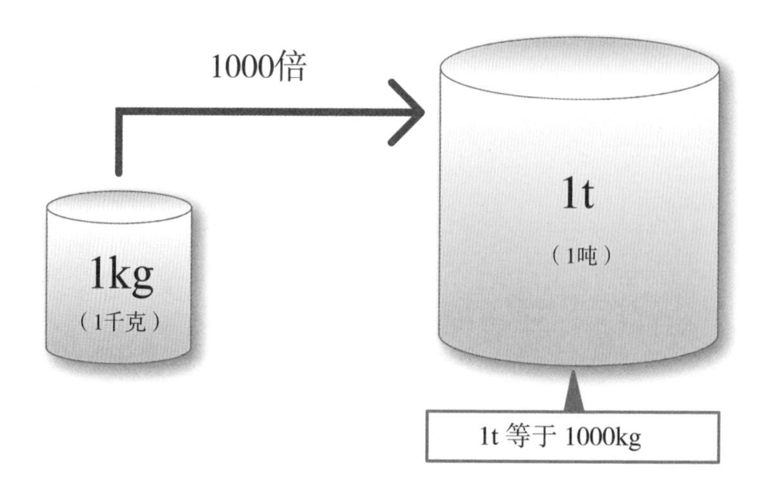

你知道吗，吨（t）这个单位来自葡萄酒桶的质量

t（吨）在古法语中写作“tonne”，是“葡萄酒桶”的意思。古时候，欧洲各国都把 1 个装满葡萄酒的酒桶质量作为 1t，用作贸易往来的单位。后来出现了公制单位，从此 1t 被正式规定为 1000kg。

[1] M 表示兆，为 10^6，即 $1Mg=10^6g$。

这些地方会用到吨（t）

说到卡车的时候，我们经常会说“4 吨卡车”“10 吨卡车”，这里的“吨”指的是卡车能装载的货物质量。此外，说到轮船大小的时候，也会用吨。“总吨位”指的是整艘船的容积，“载重吨位”指的是最大装载量。

4 吨卡车

10 吨卡车

大部分油船的载重吨位为 20 万 ~ 30 万

商店的“计量”由法律做出保证

“计量”指的是测量物品的各种物理量。为了保证商店对物品进行正确“计量”，很多国家会制定与计量相关的法律，作为确定计量标准的依据。商店使用的秤上会贴上“检测证明”“符合标准证明”的标识，以此证明计量器具符合法律的要求。除此之外，有的国家还会定期检查，在检查合格的秤上贴上“定期检查合格证”。

电子台秤

10. 质量单位：盎司（oz）、磅（lb）

这些是国外表示质量的单位

盎司（oz）

盎司是英制单位的质量单位。1 盎司约 28 克。

盎司起源于古代美索不达米亚。当时人们会使用“格令”这个单位来表示 1 粒大麦的质量。格令是英制单位中的最小单位，1 格令约 0.065 克。也就是说，437.5 格令≈ 1 盎司。

磅（lb）

1 磅 =16 盎司≈ 454 克。

古罗马时，人们曾将 1 人 1 天吃的大麦量定为 1 磅。

后来这个单位从罗马传到了英国，女王伊丽莎白一世将 1 磅定为 7000 格令。

香水之类的昂贵物品经常会用“盎司”当单位

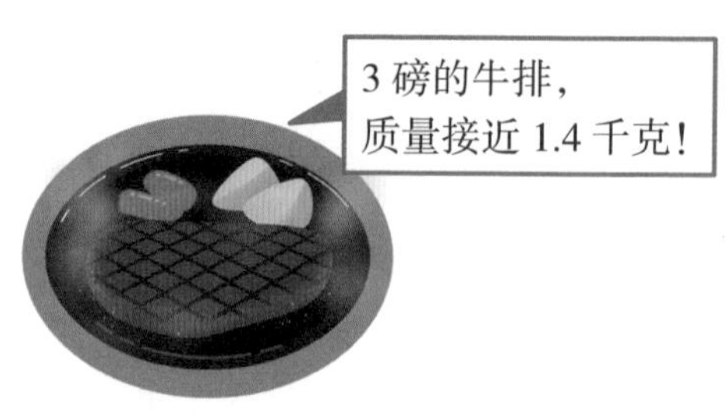

1 磅 = 成年人 1 天吃的面包所需要的大麦量

在不同的纬度，重量会有变化

你们知道吗，“质量”和“重量”这两个词都可以表示物体有多重，但它们之间也有一点小小的差别。

质量是物体本身具有的量，它的单位是 kg（千克）。不管物体在地球还是在太空，质量都不会发生变化。而重量是物体承受的地球引力或者离心力，单位是 N（牛顿）。这么说可能有点难懂，让我们举个例子来说明。

在北极和南极，由于引力和离心力的影响，重量会变重；但在赤道，重量会变轻。如 60kg 的人，在北极和赤道的体重会有 300g 的差值，但这个人的质量是不变的。

11. 时间单位：秒(s)、分(min)、时(h)、天(d)、年(a)

60 秒为 1 分，60 分为 1 小时，1 天有 24 小时

秒和分采用的都是 60 进制。

1 天有 24 小时，不过时钟上只显示 12 小时，这是因为我们将 1 天分成了两半——白天和夜晚。

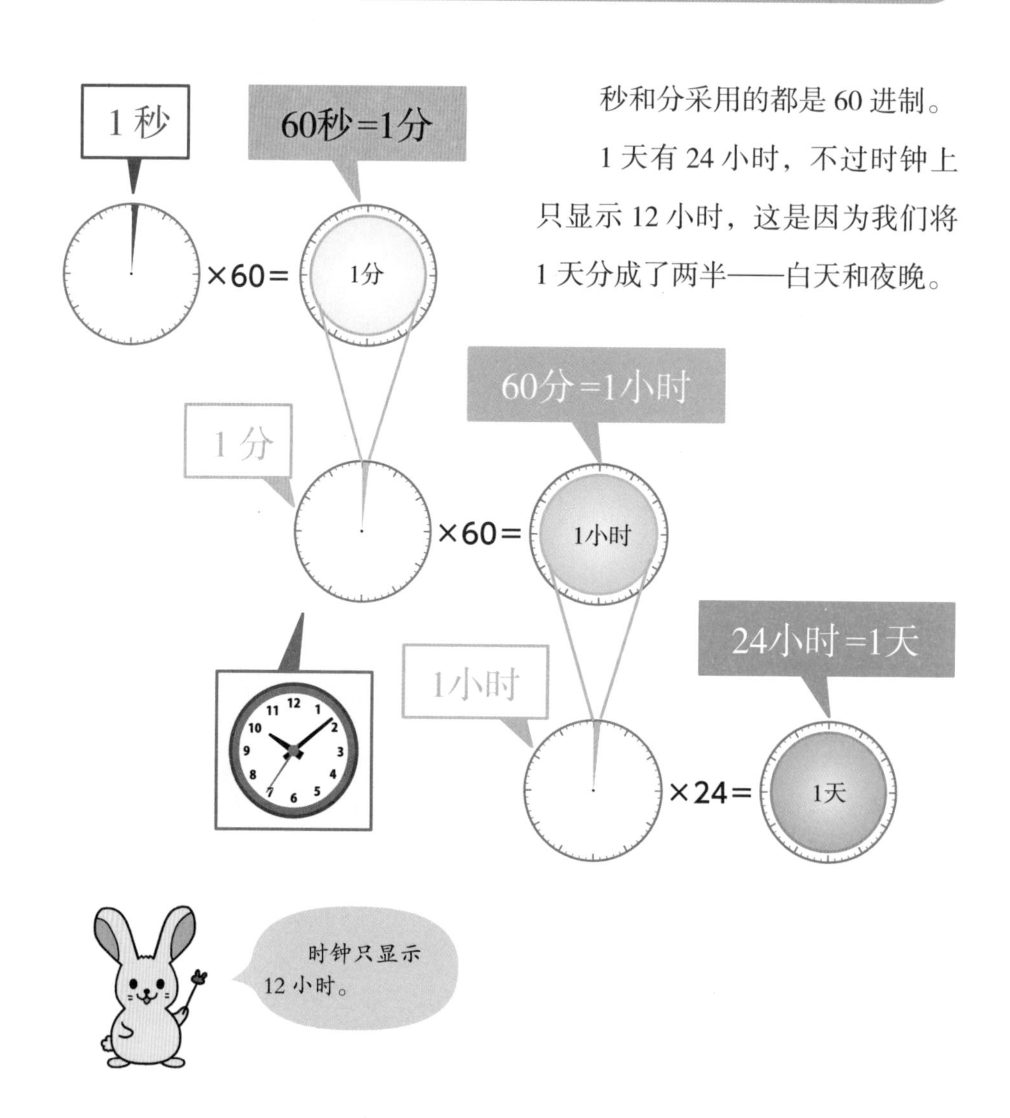

1 年有 365 天，但每 4 年就有 1 年是 366 天

除了 2 月之外，每个月的天数，要么是 30 天，要么是 31 天，只有 2 月的天数是 28 天，加起来 1 年有 365 天。

每 4 年会有一个闰年，闰年的 2 月天数会多一天，变成 29 天，1 年的合计天数也会增加一天，变成 366 天。

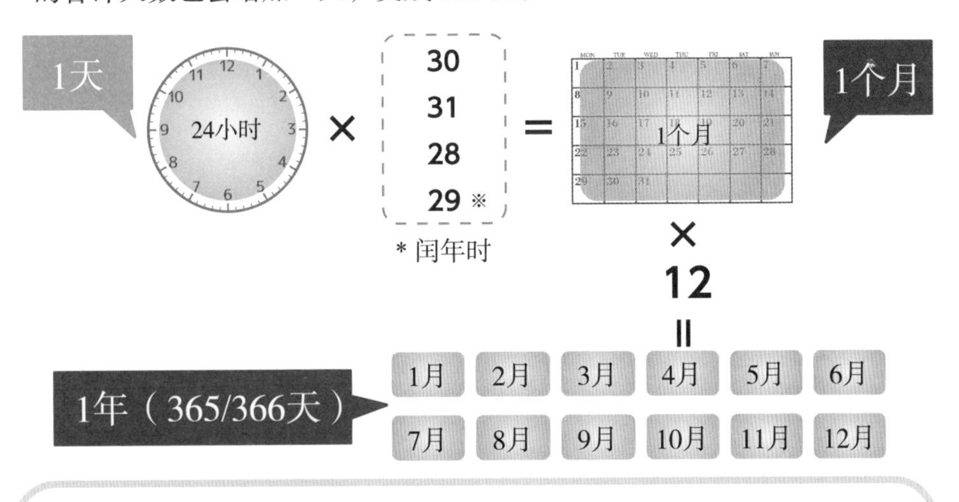

* 闰年时

“面朝西方的武士”是什么意思

“面朝西方的武士”是日本的顺口溜，用来记忆 2 月、4 月、6 月、9 月、11 月这几个小月。“小月”是指天数不足 31 天的月份。为什么把 11 月记成“武士”呢？这是因为，日本武士总是随身带着两把刀，有点像“11”这个数字。而在中国，有“一、三、五、七、八、十、腊”的顺口溜，用于记忆天数为 31 天的月份。“腊”指“腊月”，即 12 月。剩余的月份中，除了 2 月，其余都是每月 30 天。

2 月	4月	6月	9月	11月
面	朝	西	方	武士

日语中“面朝西方”的发音和“2469”这几个数字的发音相似

小专栏

人类是怎样测量时间的

6000 年前，测量时间的日晷出现了

在 6000 年前的埃及，人们会把棍棒插在地上，观察阳光照出的棍棒影子，测量影子移动的时间，这是人们在利用“日晷”计时。在公元前 3000 年左右，人们又将黎明到黄昏的时间分成 12 份来测量时间，这也是今天我们所用的时钟的雏形。

方尖碑这种巨大的石塔，也是一种日晷

古人还利用流水测量时间

水钟是利用从上往下流淌的水测量时间的装置。埃及人在公元前就已经开始使用它了。日本在 1300 多年前也制作了水钟，用来告诉大家时间。

水钟于 6 世纪传入中国，在中国又叫作“刻漏”“漏壶”。北宋初年（大约 1086 年）苏颂设计制造的“水运仪象台”堪称中古时代中国时钟的登峰造极之作。

日本奈良县明日香村的水钟遗迹

1 天误差 0.2 秒的石英钟表登场

1929 年，美国发明了使用水晶（石英）的时钟。只要加上电压，石英就会以稳定的频率震动。那时候石英钟的大小和柜子差不多。

日本精工株式会社于 1958 年发明了广播电台用的石英钟，并在 1969 年开始销售全世界首款石英手表。这种手表是划时代的产品，它工作 1 天只有大约 0.2 秒的误差，1 个月的误差只有 5 秒。

1969 年销售的全世界首款石英手表“精工 QUARTZ ASTRON 35SQ”

（照片提供：银座精工博物馆）

利用铯原子钟来定义“秒”

原子钟是以原子在特定状态下产生的频率作为时间基准的计时装置。

1967 年，以铯 –133 原子辐射电磁波的周期为基准的 1 秒，成为国际单位。至此，1 秒被定义为铯 –133 原子辐射 9 192 631 770 次电磁波的时间。

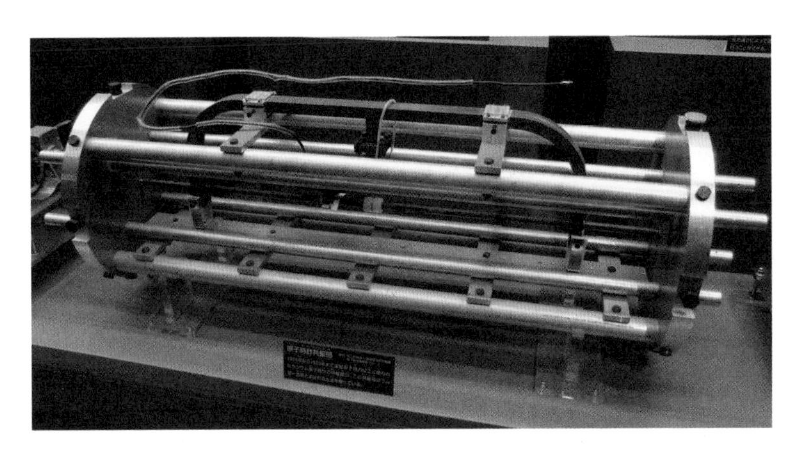

1984 至 1993 年间服役的铯原子钟的共振部分

铯原子会发出放射线，而铯 –133 是不会发出放射线的稳定原子。它是很柔软的金属，用体温就能熔化。铯会和水发生反应而爆炸，在处理它的时候千万要小心。

12. 角度的单位：度(°)

你有量角器吗？三角形的角度单位就是度

用量角器量量看三角形的角度吧。将量角器下方的中心点对齐到待测量的角的顶点上，如果角在中心点的右侧，就看内侧的数字；如果角在中心点的左侧，就看外侧的数字。

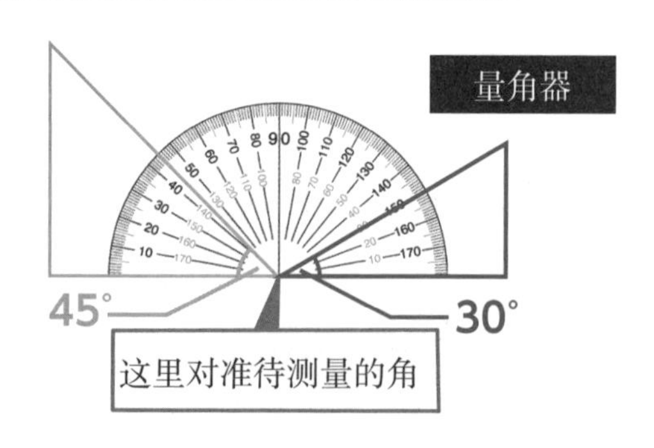

角度永远不变的图形

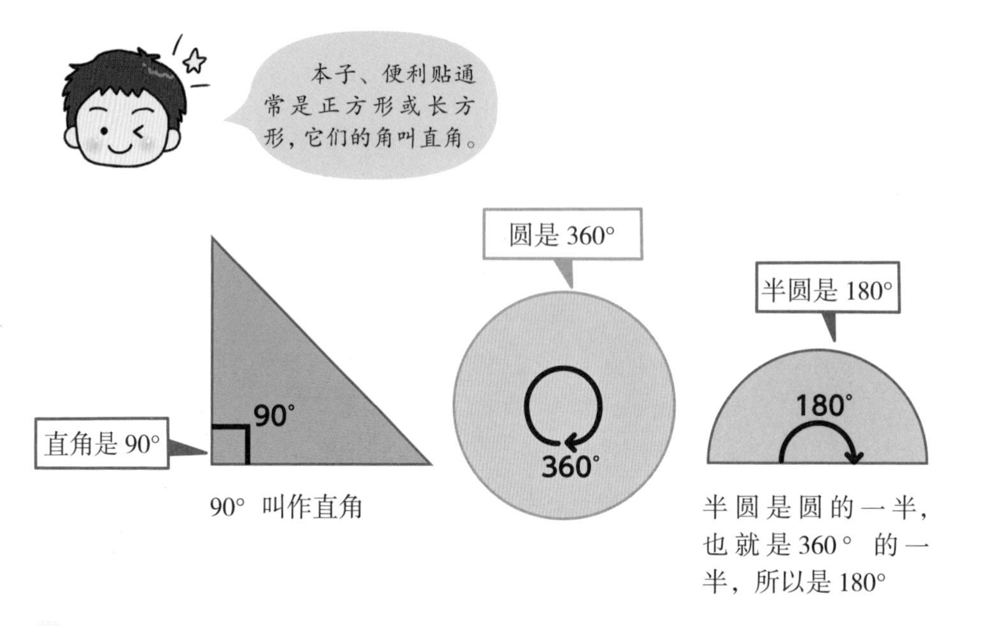

你知道吗，三角形和四边形的内角和永远不会变

三角形的内角和总是 180 度

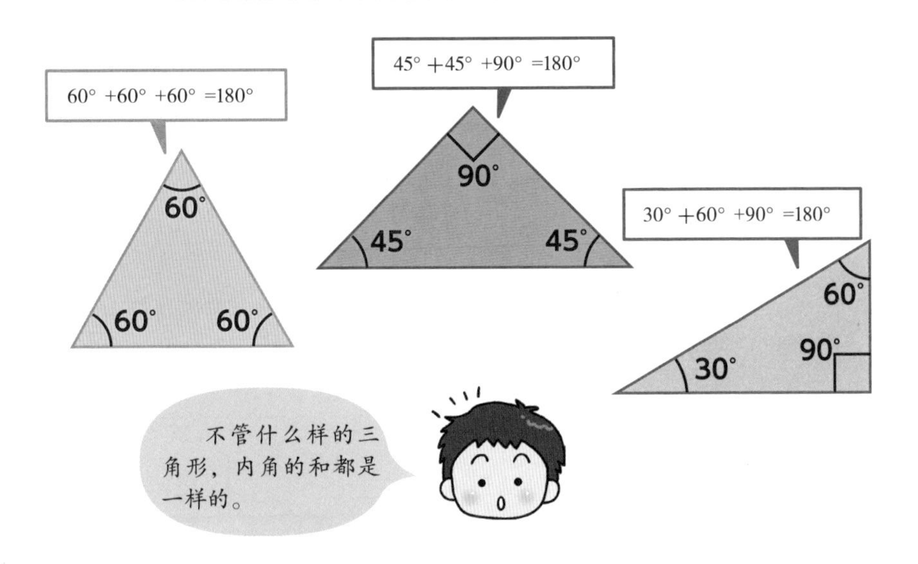

四边形的内角和总是 360 度

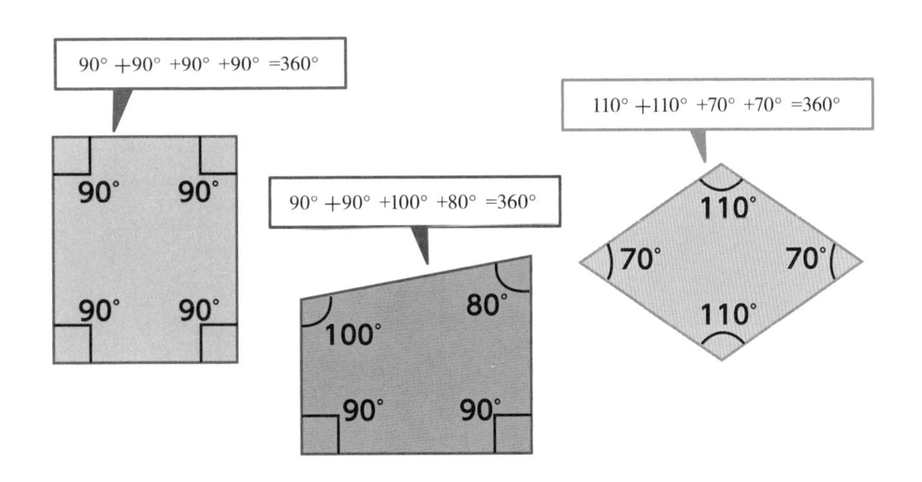

13. 比率的单位：百分比（%）

在比较大小和数量时，“%”这个单位很有用

百分比是在比较物体大小时常用的表示方法。它的意思是，将一个物体的大小定为100，另一个物体相对于这个100有多大。

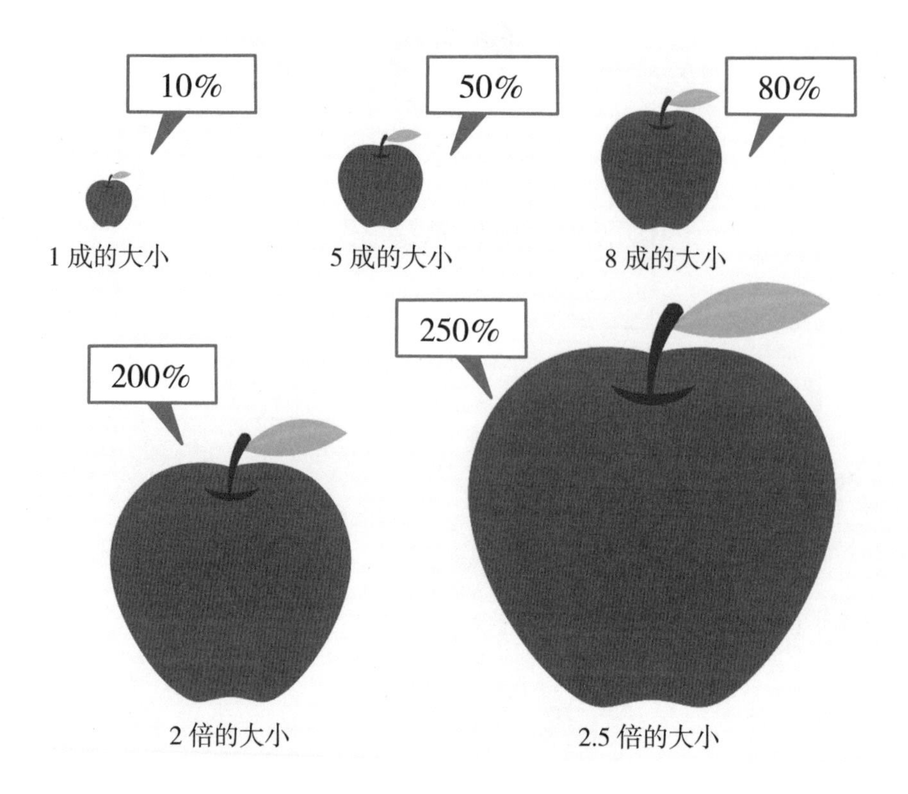

1800 的 15% 该怎么计算呢

在计算百分比时，首先除以100。

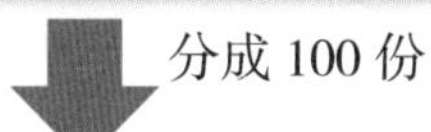

1 份就是 1%

18	18	18	18	18	18	18	18	18	18
18	18	18	18	18	18	18	18	18	18
18	18	18	18	18	18	18	18	18	18
18	18	18	18	18	18	18	18	18	18
18	18	18	18	18	18	18	18	18	18
18	18	18	18	18	18	18	18	18	18
18	18	18	18	18	18	18	18	18	18
18	18	18	18	18	18	18	18	18	18
18	18	18	18	18	18	18	18	18	18
18	18	18	18	18	18	18	18	18	18

15 份就是 15%

15% 就是 15 份！

答案

1800 ÷ 100=18　18×15=270

所以，1800 的 15% 就是 270。

这一章收集了与宇宙和地球有关的单位。

理解这些单位，我们就能理解地球和宇宙的构造，并为它们的巨大和神奇而感动。

风速25m/s

地理北极（地磁S极）

N

S

地理南极（地磁N极）

第三章 宇宙与地球的单位

体温

产生雷电

北

西北偏北

东北偏北

西北

东北

西北偏西

东北偏东

西

东

1. 天文中的长度单位：天文单位(AU)、光年(ly)、秒差距(pc)

这些都是长度单位，用于表示浩瀚宇宙中的距离

我们在夜晚仰望天空时，会看到无数颗星星。那些星星其实都在非常非常遥远的地方发光，远得让我们生活在地球上的人都无法想象。要想从它们那边飞到我们这里，哪怕是用光速都要花费许多年。为了测量如此浩瀚的宇宙，我们需要用到专门的单位，它们从短到长依次是：天文单位（AU）、光年（ly）、秒差距（pc）。

天文单位用于离地球比较近的天体，例如火星和木星。光年是用光速表示距离的单位，用在遥远的天体上。秒差距和光年一样，也是用来表示遥远天体的距离。

恒星

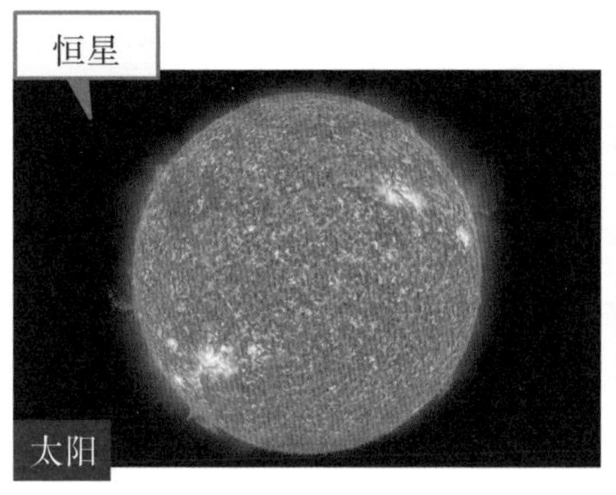
太阳

自己发光的星球

行星

地球

围绕恒星旋转，不会发光的星球

太阳系

由太阳和围绕太阳旋转的行星等组成，地球也是太阳系中的星球之一

星云

猎户座大星云（M42）

由稀薄的气体或尘埃构成的天体，看上去像云一样

星团

武仙座球状星团（M13）

诞生自同一区域的星球群体，星团的规模有大有小，小的只有 10 颗左右，大的有 100 万颗

星系

仙女星系（M31）

星系是恒星系及星际尘埃的集合，漩涡形是星系的典型形态

太阳到地球的距离就是 1 天文单位

太阳和地球之间的距离是 1 个天文单位，所以 1 天文单位约为 1.5 亿千米。地球是围绕太阳旋转的行星，它的旋转轨道非常接近正圆。除了地球，还有火星、木星等星球也在围绕太阳旋转，另外还有各种大小、岩石般的天体。这些天体和太阳，合称为太阳系。

在描述太阳系内的天体距离时，经常会用天文单位，它可以表示天体间的距离是太阳和地球间距离的多少倍。

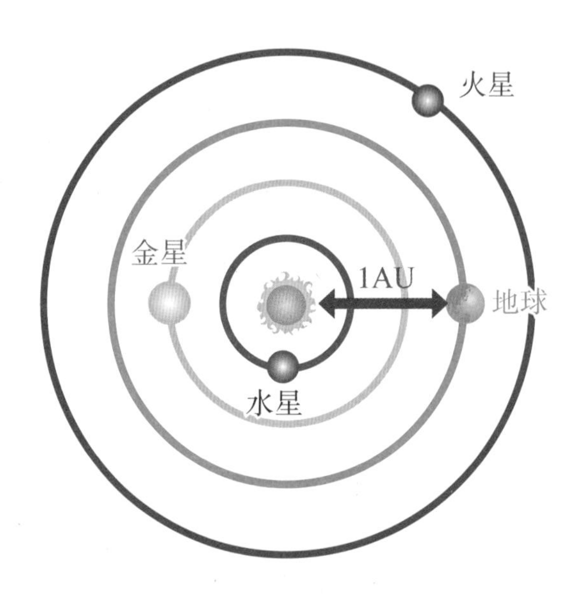

光年是光在 1 年中前进的距离

光也有速度吗？说起来你可能觉得不可思议，但实际上光确实有速度。光速约为 30 万千米每秒，它的意思是光在 1 秒钟的时间里可以移动

30 万千米。光速非常适合测量浩瀚的宇宙，所以诞生了“光年”这个单位。光年是指光在 1 年中前进的距离，1 光年约为 9.5 万亿千米。

此外还有秒差距（pc）这个单位。1 秒差距约为 31 万亿千米。

地球与主要恒星之间的距离

南门二（恒星系）	4.3 光年
天狼星	8.6 光年
织女星	25 光年
参宿四	640 光年
参宿七	860 光年

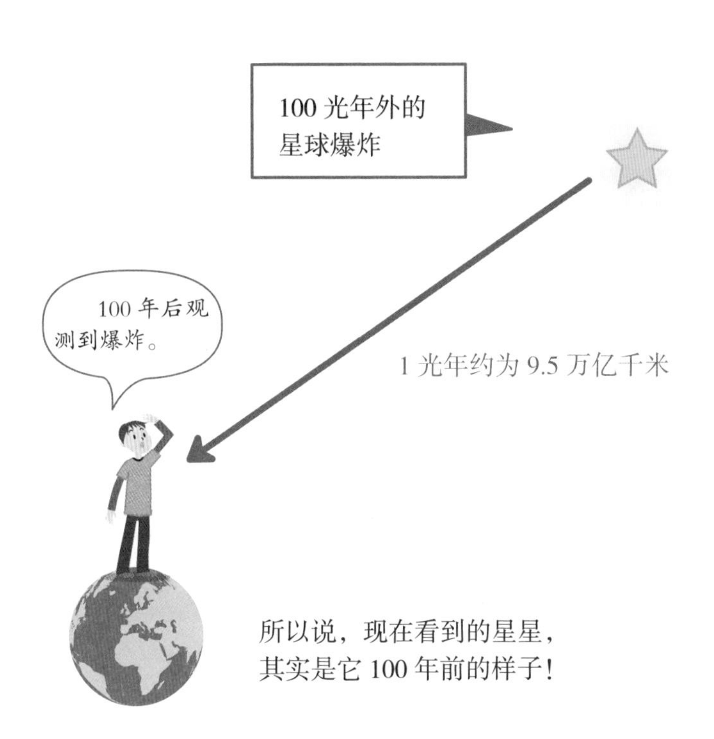

太阳和行星间的距离用 AU 表示

水星 0.4AU

距离太阳最近的行星，也是太阳系中最小的行星，平均温度 179℃，是一颗炎热的行星

金星 0.7AU

距离太阳第二近的行星，地球的邻居，早上叫启明星，晚上叫长庚星

火星 1.5AU

在地球外侧围绕太阳旋转，红色的地表是它最大的特征，我们在地球上也能清晰看到它的红色

木星 5.2AU

距离太阳第五近的行星，在火星外侧旋转，是太阳系中最大的行星，由气体构成

土星 9.6AU

在木星外侧轨道上旋转，特征是有环，和木星一样，也由气体构成

天王星 19.2AU

在土星外侧轨道上旋转，只比木星、土星小，是太阳系的第三大行星

太阳系位于银河系中

我们生活的地球是太阳系的一员，围绕太阳旋转，而太阳系又属于银河系。银河系中有许许多多的星球，呈现出带有旋臂的漩涡形状。科学家认为，太阳系位于其中一条旋臂的远处。

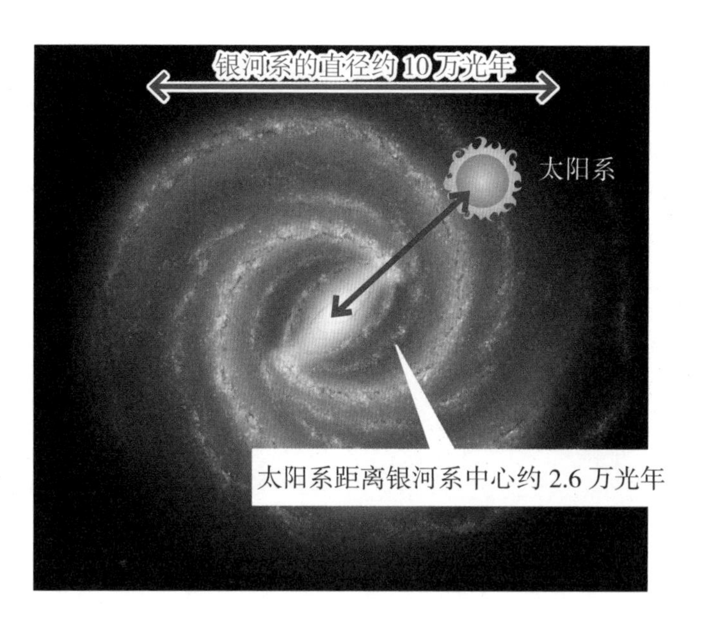

宇宙中有无数星系

太阳系属于银河系，而和银河系同样的星系在宇宙中还有很多很多。仅仅银河系中就有数不胜数的星星，其他星系更不用说了，所以宇宙中到底有多少星星，简直没办法想象。

而且那些星系距离我们都非常遥远，就算以光的速度都不知道要飞多少万年。比如与我们银河系形态相似的仙女星系，就在极其遥远的 250 万光年外。哪怕是相对比较近的麦哲伦云（银河系最大的卫星星系），离我们也有 16 万光年的距离。

麦哲伦云
三角座星系（M33）
16 万光年
300 万光年
250 万光年
银河系
仙女星系（M31）

2. 天文单位：星等

星星的亮度用“星等”表示

星等是表示星星亮度的单位。在公元前150年左右的古希腊，人们将眼睛能看到的最亮的星星定为1等星，最暗的星星定为6等星。后来到了19世纪，人们又将1等星到6等星之间每个等级的亮度做了细化，规定每一等星的亮度都是它下一等星的2.5倍。

1等星的星星，亮度大约是6等星的100倍。

今天人们在表示亮度的时候，会给星等加上小数点，也会用0或者负数表示比1等星更亮的星星，还会用更大的数表示比6等星更暗的星星。

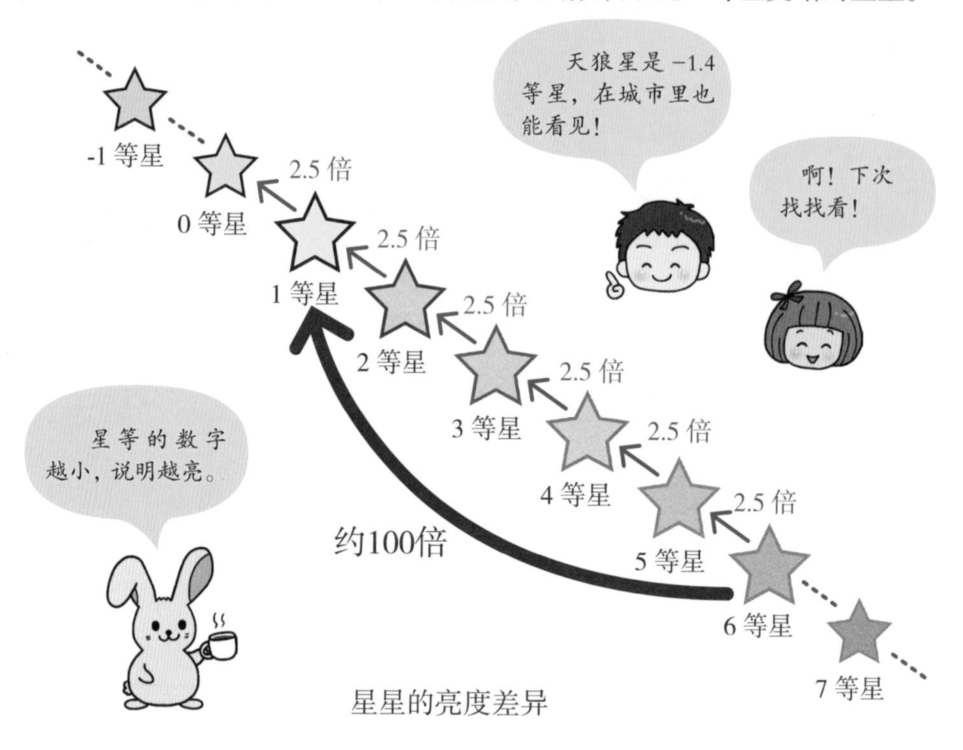

星星的亮度差异

星等其实有两种，一种是眼睛看到的星等，另一种是星星本身的星等

星等包括两种，一种是眼睛看到的视星等，另一种是星星本身的绝对星等。视星等是从地球上观察到的星星亮度，绝对星等是星星本身的亮度。光的亮度和距离有关，距离越远，亮度越低。星星的亮度也是这样，越远的星星，看上去越暗。

视星等表示从地球上看到的星星亮度。越远的星星看起来越暗。

主要星星的星等

绝对星等 4.82

太阳的视星等 –26.7

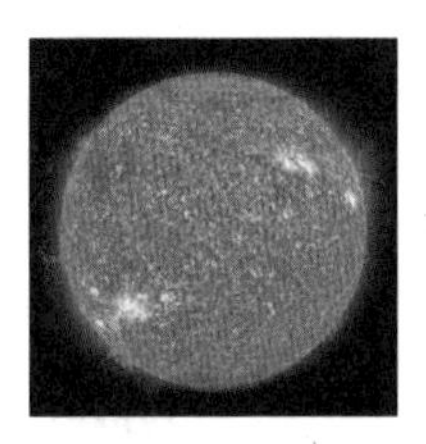

绝对星等 0.6

织女星的视星等 0.03

绝对星等 –5.5

参宿四的视星等 0.42

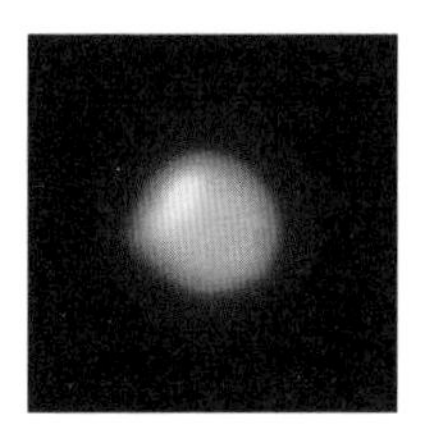

绝对星等 –3.6

北极星的视星等 2.0

绝对星等 1.42

天狼星的视星等 –1.4

绝对星等 –5.2

心宿二的视星等 0.91

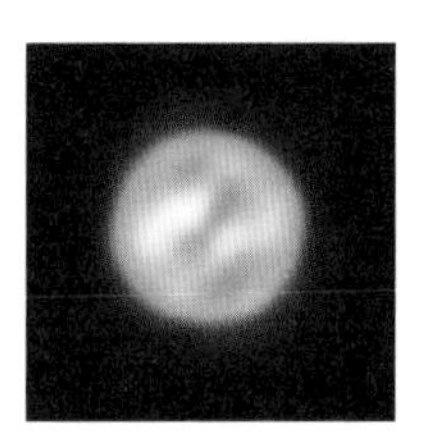

太阳看起来那么亮，但绝对星等却低得出乎意料呀！

3. 方位：S 极与 N 极

方位是通过地球磁场决定的

你一定玩过磁铁吧？磁铁具有吸附铁的性质，而且都有 N 极和 S 极。如果把一块磁铁的 N 极靠近另一块磁铁的 S 极，两者会吸在一起；但如果将 N 极靠近 N 极，或者 S 极靠近 S 极，两者会互相排斥。

地球也是个大磁铁，地理北极是地磁 S 极，地理南极是地磁 N 极。指南针之所以能够指示方向，正是因为地球本身就是磁铁。指南针的磁针相当于小磁铁，N 极所指的方向就是北。

在今天，地理北极是地磁 S 极，地理南极是地磁 N 极。但也有过完全相反的时代。

地理北极（地磁 S 极）

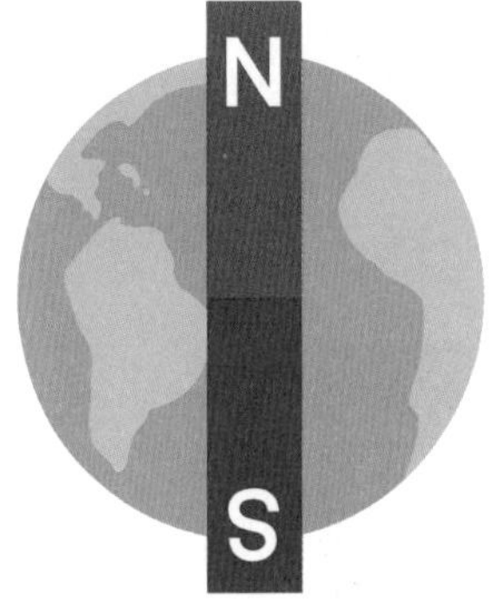

地理南极（地磁 N 极）

科学家在日本千叶县距今 77 万年前的地层中发现了磁极逆转时代的证据，因此那个时代被命名为“Chibanian”[1]（中更新世）。

[1] 译注：Chibanian 是拉丁语“千叶期”的意思。——译者注

罗盘方位有 16 种

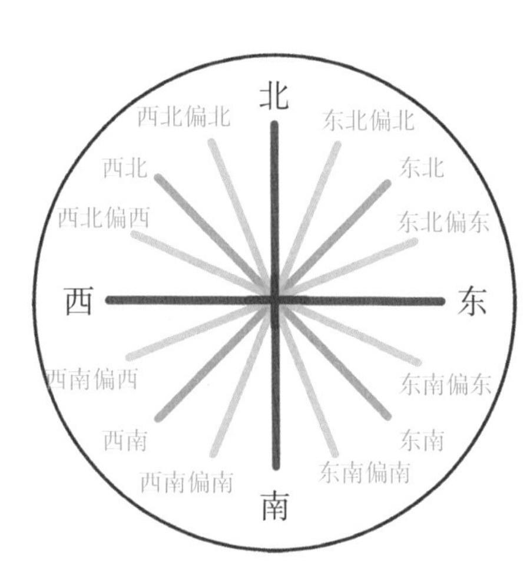

方位一般以北为上、南为下。这时候东在右侧，西在左侧。

东和北之间有东北，东和南之间有东南，西和南之间有西南，西和北之间有西北。我们一般不说“北东”“南西”，而是说“东北”“西南”，把东和西放在前面。这种表示 8 个方位的方式，叫作“8 方位”。

如果进一步将北和东北之间称为东北偏北、将南和西南之间称为西南偏南，就会有 16 个方位，这叫作“16 方位”。

没有指南针也能知道方位

在有太阳的时候，我们可以用带指针的手表测定方位。让手表保持水平，将短针（时针）指向太阳，那么短针和 12 点刻度之间夹角的中线所指的方向就是南。

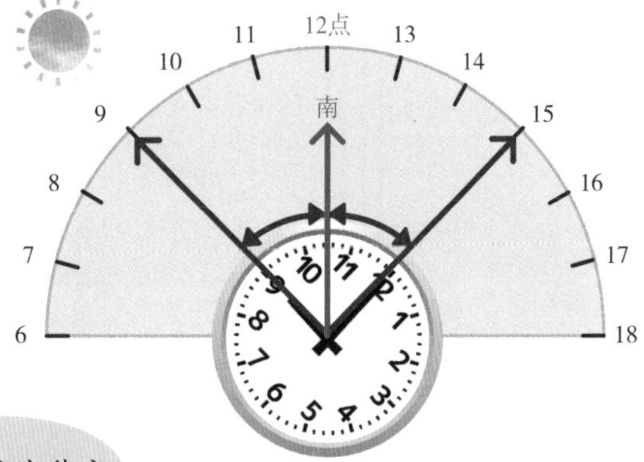

掌握了这种方法，没有手机的时候也能知道方位。

4. 温度单位：摄氏度(℃)、华氏度(℉)、开尔文(K)

温度的单位有 3 种

摄氏度（℃）

目前使用范围非常广泛的温度单位。标准大气压下冰融化的温度为0℃，水沸腾的温度为100℃。它是天文学家安德斯·摄尔修斯在1742年提出的。

华氏度（℉）

美国使用的温度单位。冰融化的温度定为32 ℉、水沸腾的温度定为212 ℉。它是物理学家加布里埃尔·华伦海特提出的。

开尔文（K）

绝对零度为0K。绝对零度是指原子、分子没有热运动的温度。它由物理学家开尔文勋爵提出。自1960年起成为国际单位制的基本单位之一。

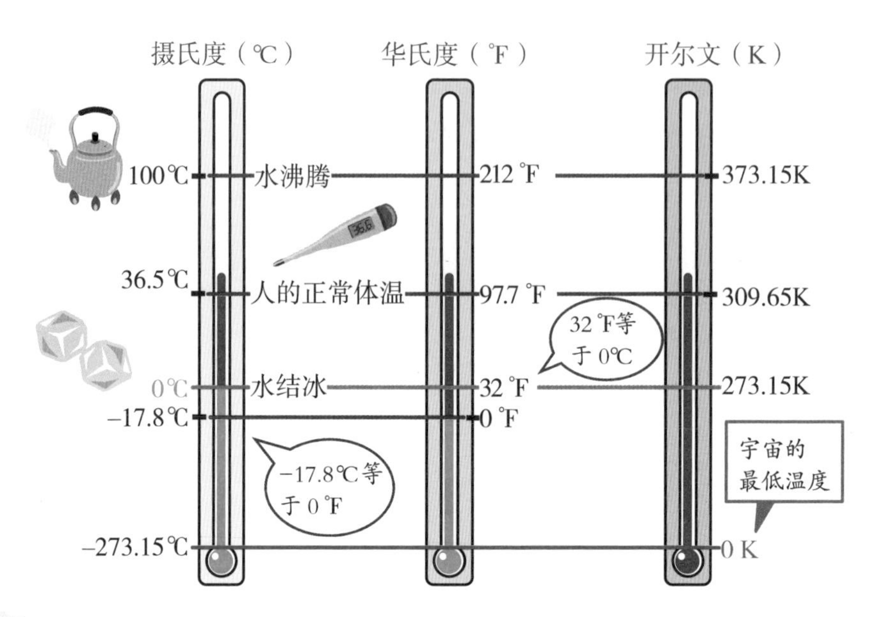

常见的温度测量仪器

高温和低温的世界

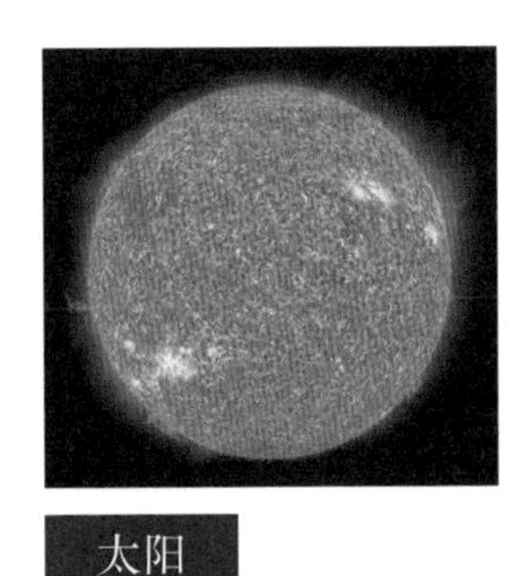

太阳

太阳表面温度约有6000℃

木星

木星表面温度是极为寒冷的 –140℃

南极

南极观测到的最低温度是约 –89.2℃

5. 空气的相关单位：百帕（hPa）、米每秒(m/s)

气压是空气的质量

地球被空气覆盖，越往上，空气越稀薄。到了 100 千米的高度，空气几乎就没有了。从这里再往上就是太空。

空气是无色透明的，通常我们感觉不到它的质量，但实际上空气是有质量的，并且带来了向下压的力。这就是气压的来源。我们把大气的压力称为大气压，用“百帕”（hPa）这个单位表示。

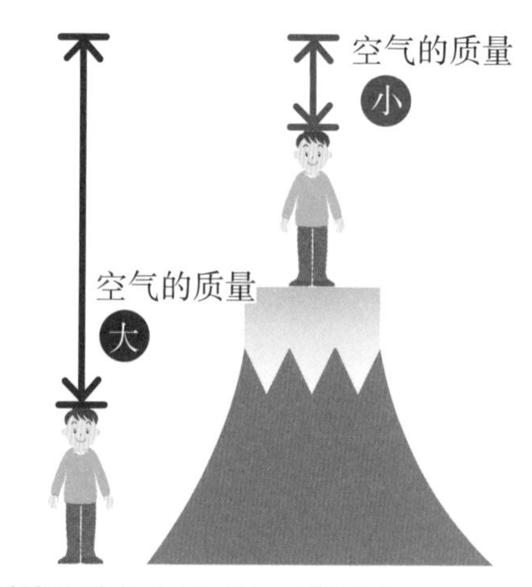

覆盖地球的大气压在我们身上

首次测量气压的人是 17 世纪的意大利物理学家埃万杰利斯塔·托里拆利，他用的是自己制作的水银气压计。

在盆中注入水银，将真空的玻璃管像左图那样插在里面，盆里的水银就会被大气压推进真空的玻璃管里，上升到相应的高度。测量这个高度，我们就能知道大气压是多少了。

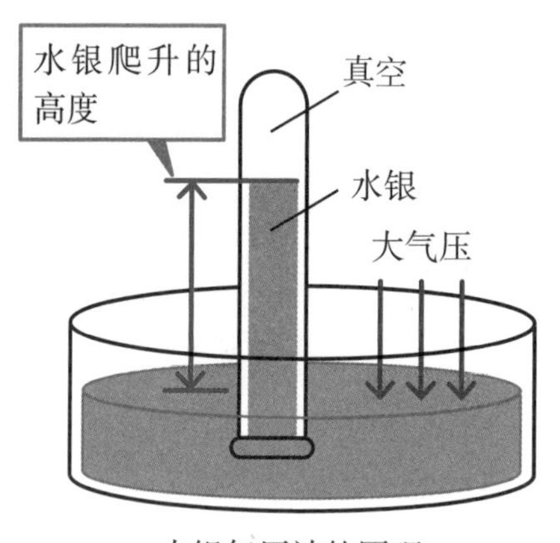

水银气压计的原理

风是因为太阳产生的

风的速度叫作风速。我们在表示风速时，使用速度单位 m/s。你知道为什么会有风吗？那和太阳有关。空气受热之后膨胀变轻上升，四周的冷空气就会补充过来，风就形成了。白天阳光晒热地面，空气受热变轻，会向上移动。与此同时，海水很难变热，较冷的空气就会补充到陆地上。于是，地表就会出现从大海向陆地吹的风，这叫作海风。到了晚上，又会吹起方向相反的陆风。

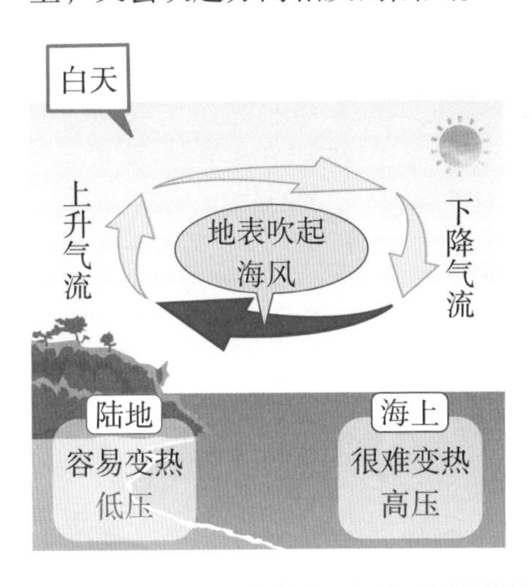

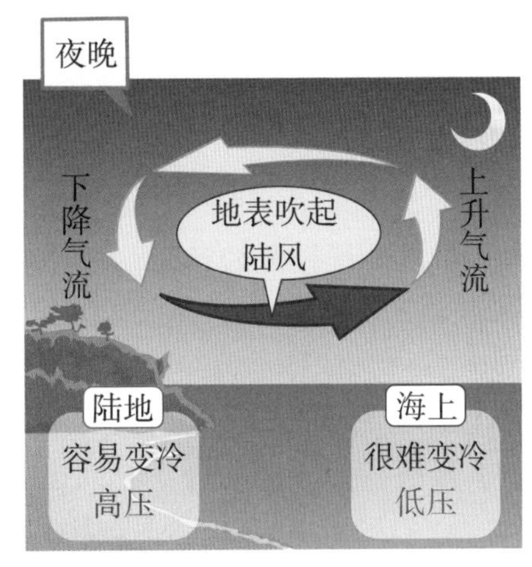

估算风力强度

风速超过 10m/s 时，
打伞很困难

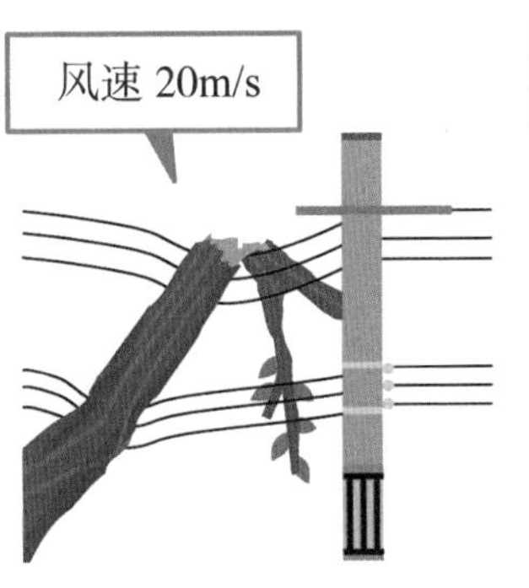

风速超过 20m/s 时，
较细的树干会被吹断

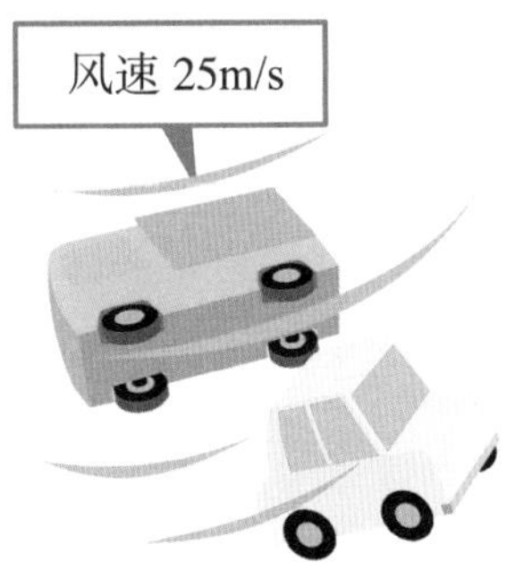

风速超过 25m/s 时，
行驶的汽车会横移

天气预报里说的低气压、高气压是什么意思

你一定在天气预报中听到过“低气压”“高气压”等词。顾名思义，低气压就是气压较低的意思，这时候天气会很差；高气压是指气压较高，天气也会很好。

上一节说过，气压其实是空气的质量，而地球上的气压分布并不均匀，不是所有地方都一样。下面这张图叫作等压线图，将同一平面上同一时间气压值相同的各点用线连起来，我们就可以得到等压线。等压线闭合，中心气压低于四周气压，是低气压，反之则是高气压。

看等压线图可以了解天气的变化

下面的等压线图上，标注“低”的地方是低气压，标注“高”的地方是高气压。高气压和低气压处标的数字是气压，单位是 hPa。箭头是预测的行进方向，箭头前面的数字表示移动速度。

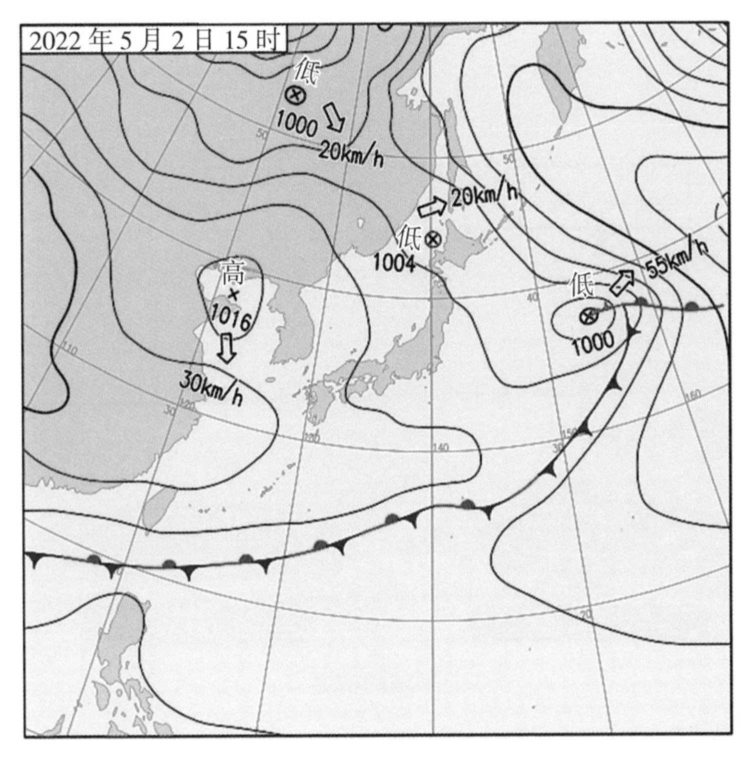

某日的等压线图

看，低气压和高气压移动的速度简直和汽车一样快！

为什么会出现低气压和高气压

阳光晒热地表，就会产生向上的气流。而在接近太空的上层，气温很低，上升的空气会在这里重新冷却，形成云朵。这就是低气压诞生的机制。上空的空气冷却变重，又会重新下降，于是云朵消失，这就是高气压诞生的机制。

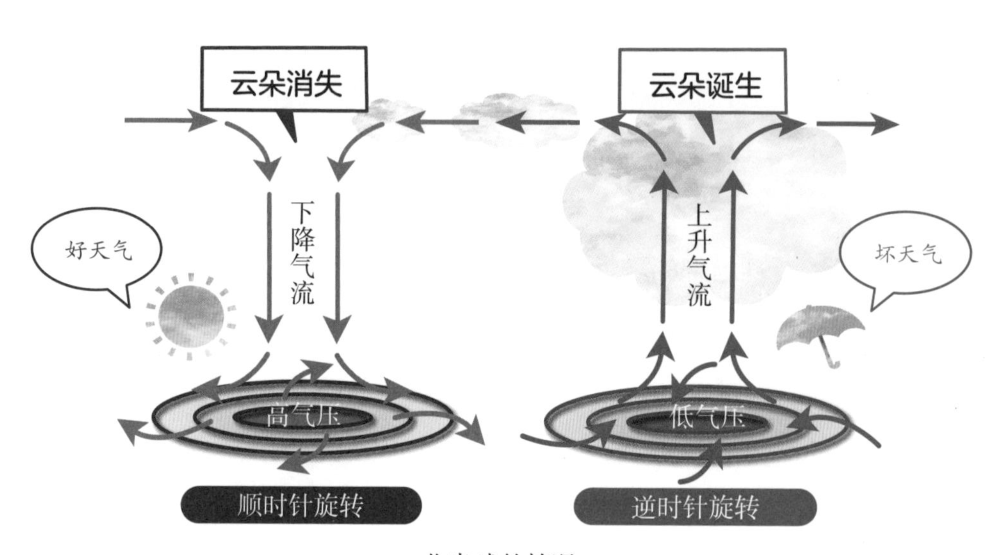

北半球的情况

台风是深厚的低气压系统

台风会带来狂风暴雨，它是深厚的低气压系统。按世界气象组织定义，热带气旋中心持续风速在 12 级以上（即每秒 32.7 米至 41.4 米）的称为台风。我们经常在天气预报中听到的或奇怪或可爱的台风名字，是由世界气象组织台风委员会的 14 个国家和地区提供的。每个成员提供 10 个名字，就形成了包括 140 个台风名字的命名表。台风成形后，会形成台风眼。台风眼的中心完全没有云，从上方俯瞰，很像眼睛。台风眼的范围里不会下雨，也没有风，还能看到蓝天。

台风眼

越往高处走，气压越低

我们在前面介绍过气压就是空气的质量。山越高，山上的空气量就越少，空气的质量也相应减少，气压也会下降。

如果你带着密封的袋装薯片爬山，就会发现薯片袋子在山上会胀得鼓鼓的，这是因为袋子里的气压一直没变，但外面的气压减小了，所以袋子胀了起来。简单来说，海拔每上升 1km，气压就会下降 100hPa。

水沸腾的温度也和气压有关。在地面上，水沸腾的温度是 100℃，但到了 3700 多米的山顶，水只要 87℃就会沸腾了。如果在山顶煮米饭，由于温度不够高，很容易做成夹生饭，因此在高海拔地区人们普遍会用到高压锅。

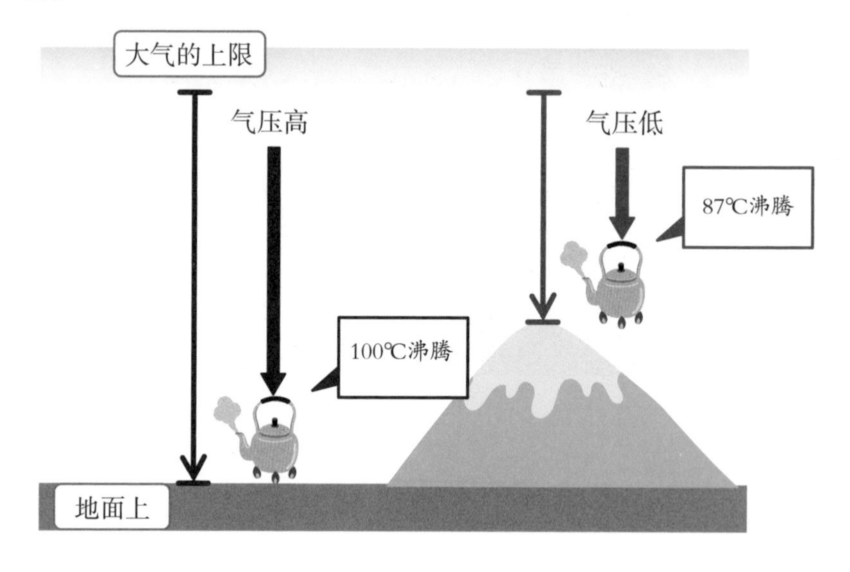

地面上的薯片袋子

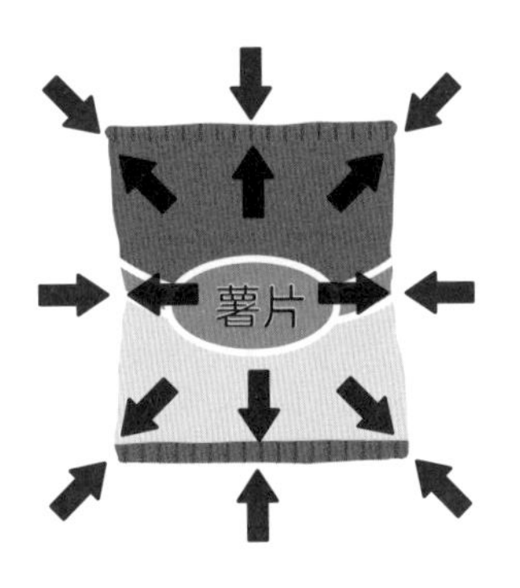

袋子里的空气和周围一样

外面和里面的空气相互抵消

袋子里的气压一直没变，但外面的气压变小了，所以袋子会胀起来。

带到山上的薯片袋子

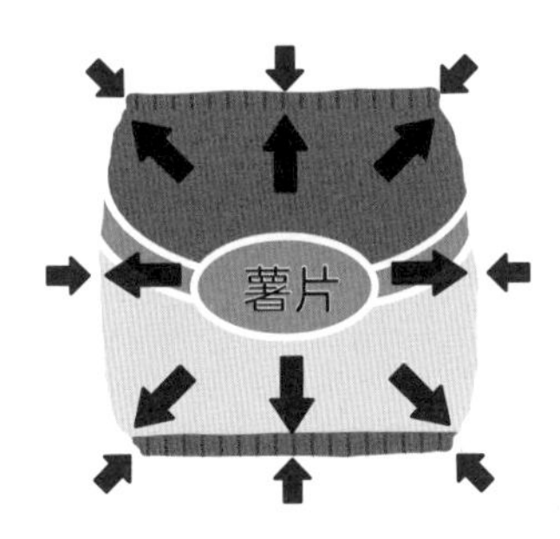

里面的空气一直没变
外面的气压降低了

里面的力量变得更大
袋子胀起来了

气压的变化也会影响人体

气压下降时，人体也会出现薯片袋那样的情况。

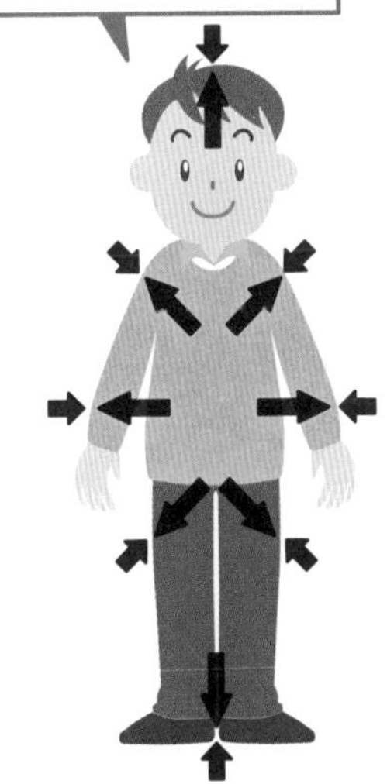

有些人在低气压时身体会很不舒服。气压变低的时候，人体也会出现类似薯片袋子膨胀的情况。当然，人体毕竟不是薯片袋子，不会胀起来，但人会感受到这种气压的微妙变化，产生不舒服的感觉。

6. 地理的相关单位：纬度、经度

知道纬度和经度，就知道了在地球上的位置

地球是球形的，在这个球上画出横线和竖线，就能表示地球上的所有位置。在这里，竖线叫作“经线”，横线叫作“纬线”。经线也叫子午线。

在表示某个位置的时候，我们可以用穿过这里的经线和纬线表示。

在表示经纬度的时候，使用角度的单位，也就是“度”“分”“秒”。

例如，北京天安门的纬度是北纬 39 度 54 分 27 秒，经度是东经 116 度 23 分 17 秒。有时还会用上小数，这时候北京天安门的位置就表示为北纬 39.5427、东经 116.2317。

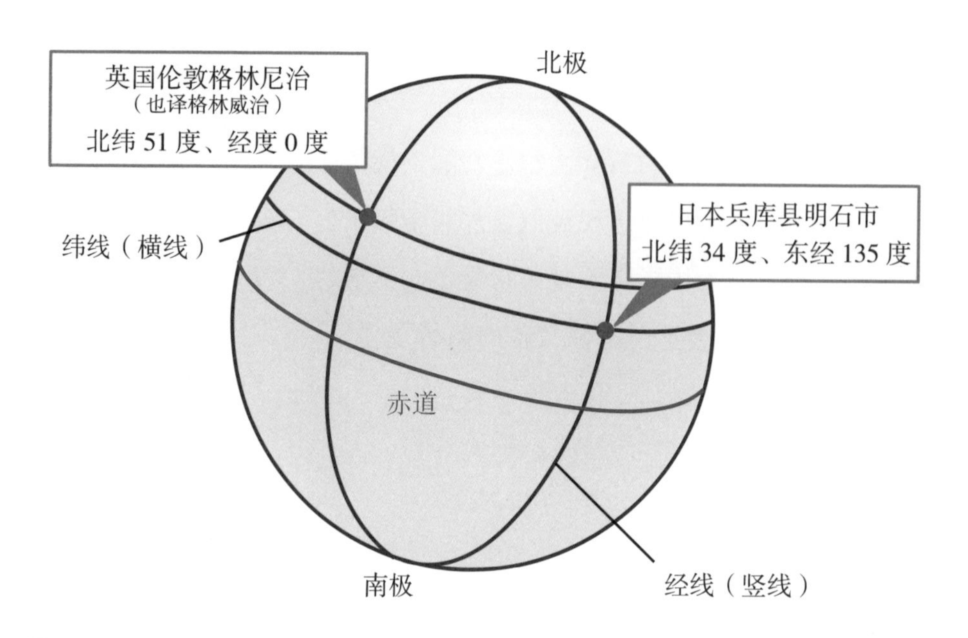

经度为 0 的格林尼治天文台

经度是从北极到南极的线。人们将经过英国格林尼治天文台的经线定为 0 度，这是于 1884 年 10 月在美国华盛顿召开的国际子午线会议上决定的。从这里向东最远为东经 180 度，向西最远为西经 180 度。

纬度为 0 的赤道

厄瓜多尔的赤道纪念碑

赤道的纬度为 0，向北最远为北纬 90 度，向南最远为南纬 90 度。北纬 90 度是北极，南纬 90 度是南极。只要是纬度相同的地方，哪怕经度不同，气候也大体相似。例如，日本札幌位于北纬 43 度，而意大利的罗马位于北纬 41 度。如果我们比较这两个地方的气候，会发现很有趣的结果。

标准子午线

我们是正午的时候，地球上在我们背面的国家则是半夜。各个国家会选择它们的中央子午线来计时，作为自己的“标准时”。中国的标准时是东经 120 度（东八区），称为北京时间。很多人不知道的是，“北京时间”的发播不在北京，而是由陕西省渭南市蒲城县（处于东七区）的中国科学院国家授时中心发播。中国的邻国日本的标准子午线是在东经 135 度，和格林尼治子午线相差 9 小时。

日本标准子午线之城（兵库县明石市），建有子午线标志柱（蜻蜓标志）

7. 地震的单位：震度、震级

震度表示建筑物摇晃程度

震度和震级都是表述地震的单位。其中，震度表示地震地区摇晃得有多剧烈。震度越高，表示地震灾情越严重。通过震度，我们可以知道地震造成多大的危害。中国大陆将震度分为 12 级（地震烈度），7 度以上为破坏性地震；中国台湾分为 0 ～ 7 度，共 8 级；极易发生地震的日本分为 0 ～ 4、5 弱、5 强、6 弱、6 强和 7，共 10 个等级。

检测到地震的时刻	震中地	震级	震度
2022/5/4　12：54	宫古岛近海	4.4	震度 3
2022/5/4　11：51	京都府南部	2.9	震度 1
2022/5/4　9：50	新岛、神津岛近海	2.3	震度 1
2022/5/4　7：16	三重县北部	2.7	震度 1
2022/5/3　22：04	福岛县沿海	4.0	震度 1
2022/5/3　19：40	东京都多摩东部	4.6	震度 3
2022/5/3　15：50	鸟取县东部	4.3	震度 3
2022/5/3　3：13	宫城县沿海	3.3	震度 1

日本每天都会发生地震（表格中采用日本国家标准划分）

震度等级（由低到高）

震度、摇晃程度	震度 1	震度 2	震度 3	震度 4
	房间里一部分人感觉到轻微摇晃。	房间里大部分人感觉到摇晃。	房间里几乎所有人感觉到轻微摇晃，有人会害怕。	很多人都会很害怕，一部分会担心生命安全。
震度 5 弱	震度 5 强	震度 6 弱	震度 6 强	震度 7
许多人担心生命安全，一部分人的行动受阻。	许多人会非常害怕，行动受阻。	难以站立。	无法站立，只能爬行。	摇晃得无法自主行动。

震级表示地震本身的强度

发生地震的位置叫作震源，震级表示的是震源处的地震强度。在中国，震级大于等于 7 为大地震，大于等于 8 为巨大地震。震度和震源的距离有关，距离震源越远，震度越小；距离震源越近，建筑物摇晃越剧烈。人们经常会混淆震度和震级。

震级表示地震本身的强度，而震度表示的是某地区建筑物的受影响程度。

全世界发生过的巨大地震

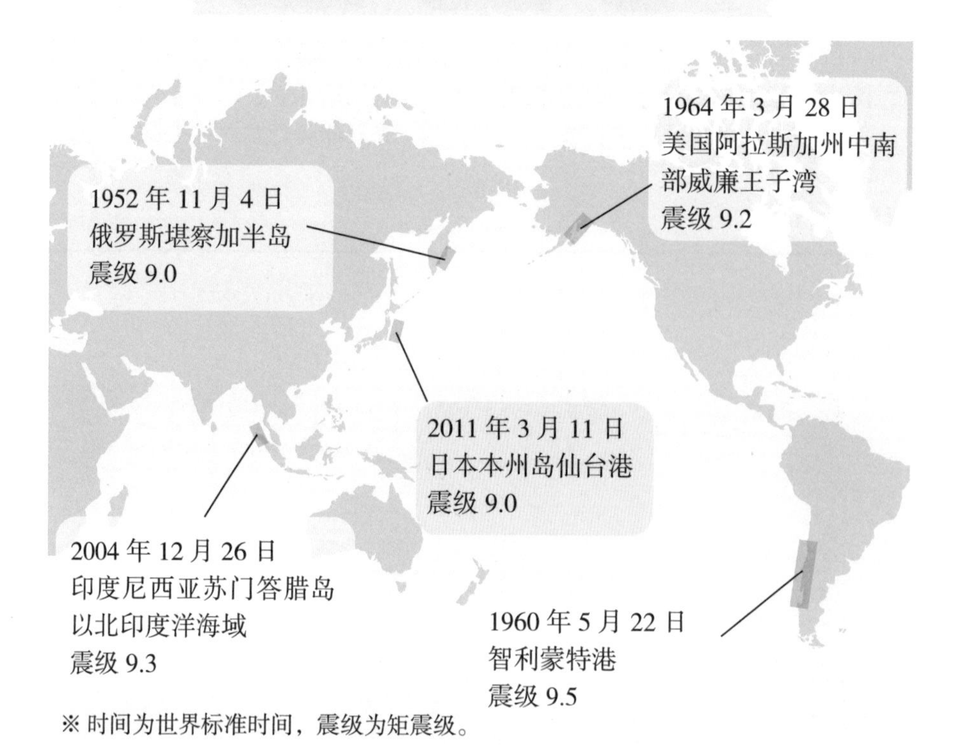

※ 时间为世界标准时间，震级为矩震级。

打雷闪电是怎么来的

打雷的时候发生了什么

云层中的静电变成了雷

轰隆隆，咔嚓嚓！打雷闪电很可怕吧。打雷，是因为云层中有静电。空气被阳光晒热上升就形成了云。上空的气温很低，空气中的水分会变成冰，这些冰粒互相摩擦，就产生了静电。静电越存越多，直到再也存不住了，空气中就会产生电流，形成雷电。

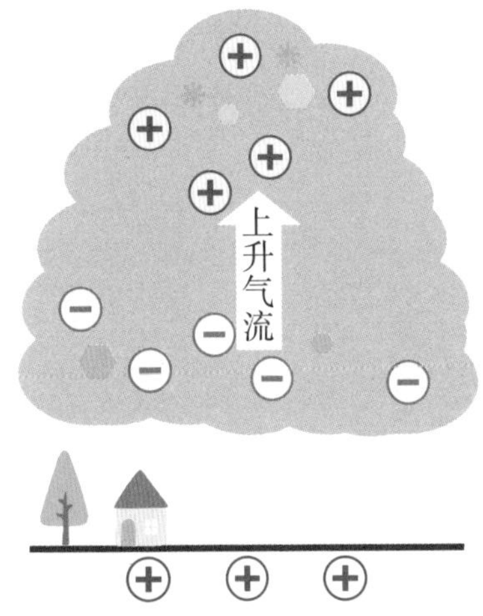

上升气流形成云，冷却的冰粒互相摩擦，导致云层上方和地表产生正电，云层下方产生负电

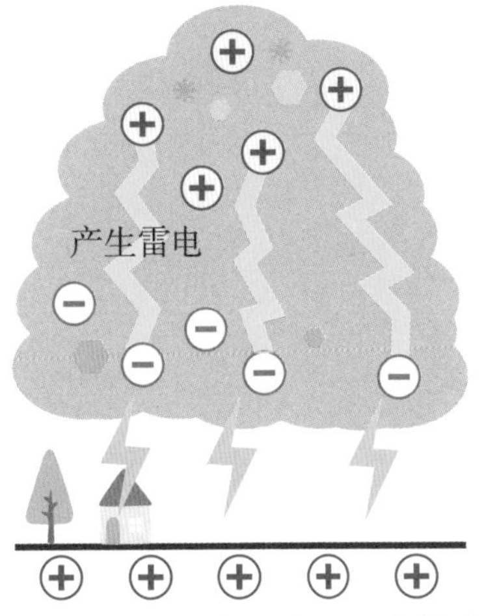

电荷积累到一定程度，电流就会从正电处流向负电处，雷电就形成了

这一章我们要讲电磁波、电力、磁力的单位。我们无法用眼睛看到它们，但它们都非常有用。另外，这章还会介绍速度、热量、放射线的单位，帮助大家更深入地理解科学知识。

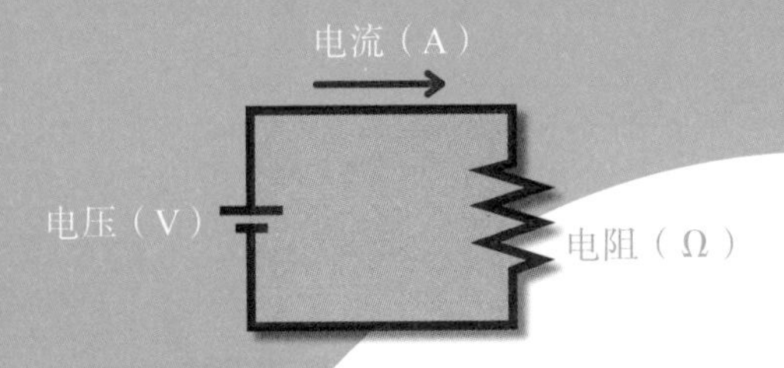

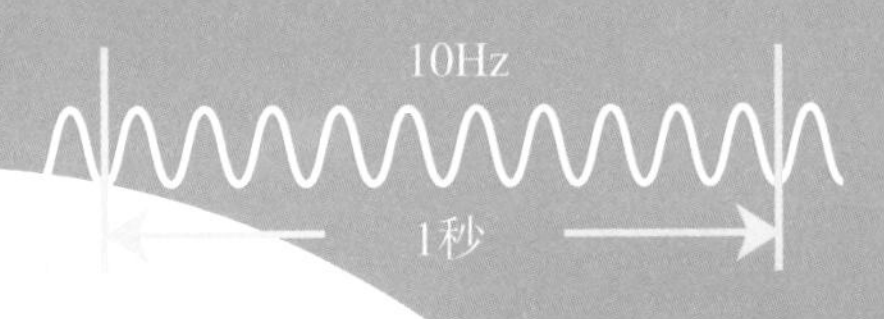

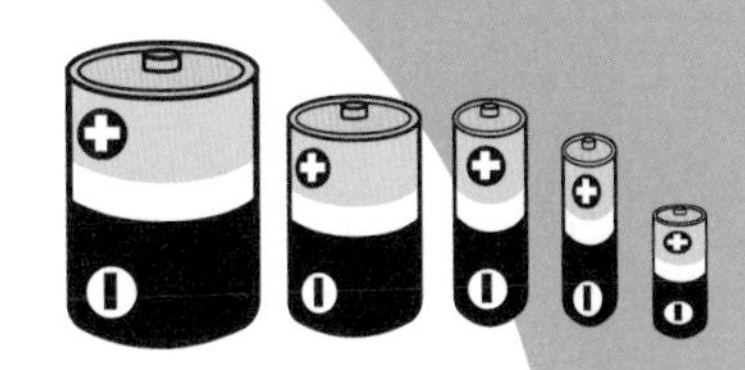

第四章

能量、速度等物理量的单位

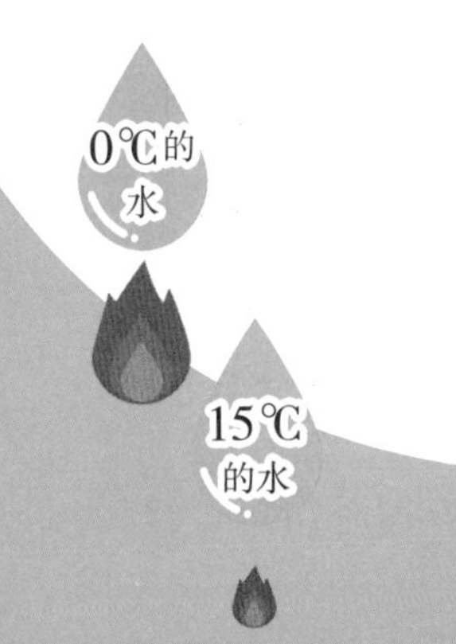

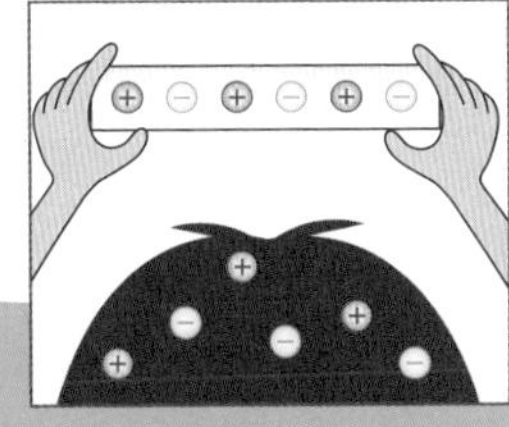

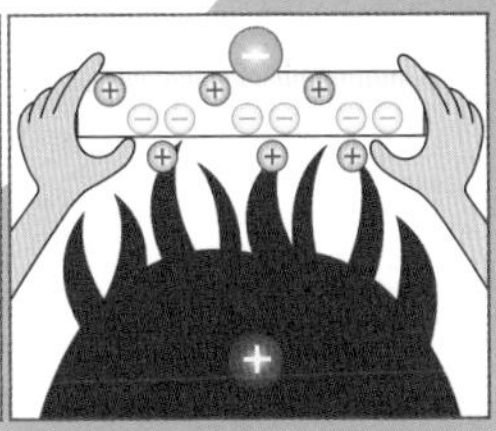

1. 电磁波的单位：赫兹（Hz）

这是表示电磁波的单位

电磁波、声波都是波，赫兹（Hz）就是用于表示它们的频率的单位。赫兹表示每秒钟振动的次数。我们虽然看不到电磁波，但它能传递声音和图像，我们身边的电视、电话等都会用到它。

1 赫兹（Hz）→ 1 秒钟振动一次

10Hz

1s

1000 赫兹（Hz）=1 千赫（kHz）

1000 千赫（kHz）=1 兆赫（MHz）

我们看不到电磁波，那是谁证明了它存在呢

1888 年，德国物理学家海因里希·赫兹证明了电磁波的存在。

从此以后，利用电磁波和声波的技术不断进步，今天的电视、互联网都要用到它们。

海因里希·赫兹

不同频率的电磁波分类

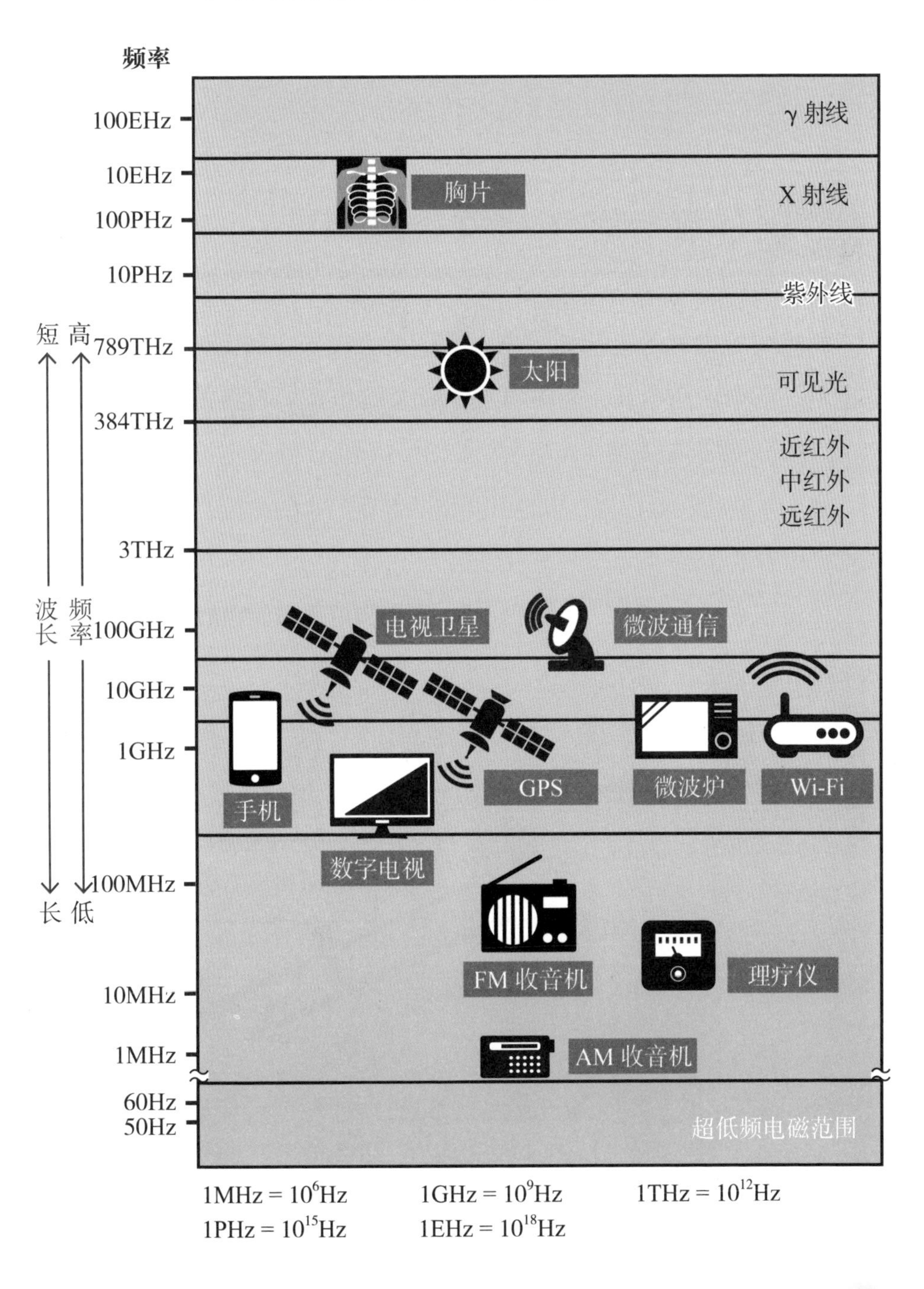
频率
100EHz
10EHz
100PHz
10PHz
789THz
384THz
3THz
100GHz
10GHz
1GHz
100MHz
10MHz
1MHz
60Hz
50Hz
短 高
波 频
长 率
长 低
γ 射线
胸片
X 射线
紫外线
太阳
可见光
近红外
中红外
远红外
电视卫星
微波通信
手机
数字电视
GPS
微波炉
Wi-Fi
FM 收音机
理疗仪
AM 收音机
超低频电磁范围
1MHz = 10^6Hz
1GHz = 10^9Hz
1THz = 10^{12}Hz
1PHz = 10^{15}Hz
1EHz = 10^{18}Hz

2. 电压和电流的单位：伏特（V）、安培（A）

把电想象成水，会更容易理解

给电灯、电视等电器通上电，它们就会工作。插上电源插头、装上电池，就会产生电压。打开开关，就会有电流。电压的单位是伏特（V），电流的单位是安培（A）。

水会从高位往低位流，电也有类似的性质。水的海拔差相当于电压，水流量相当于电流。

水流下来的地方越高，水流越猛。电压和电流与此相似，电压越高，电流越大。

虽然电和水很相似，但绝对不要用沾了水的手去摸插座啊！

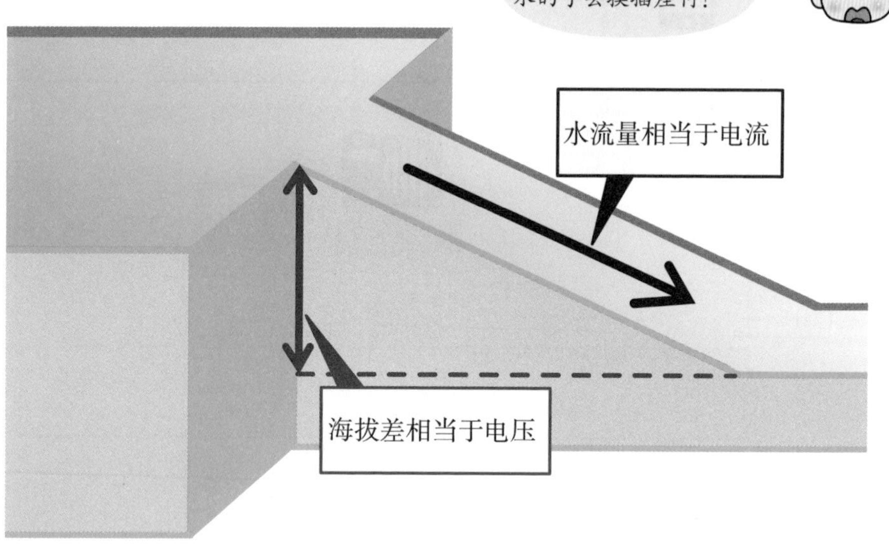

插座的电压和电池的电压不一样

家里墙壁上的插座，电压为220V。装在玩具里的圆柱形电池，电压是1.5V。如果是方块电池，电压就是9V。所以电池有好几种电压。装电池的时候，可不要装错了。

各种电器的安培数

家里同时最多能用多少电，是和电力公司签协议确定的，这叫作"协议安培数"。如果同时使用的电器的安培数加在一起超过了协议安培数，就会跳闸，没办法用电了。[1]

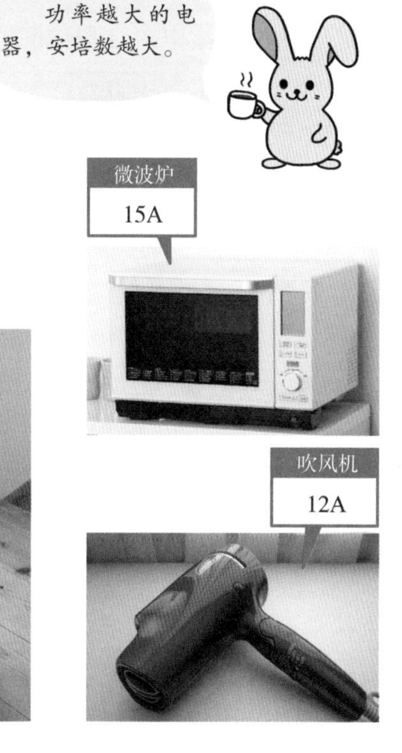

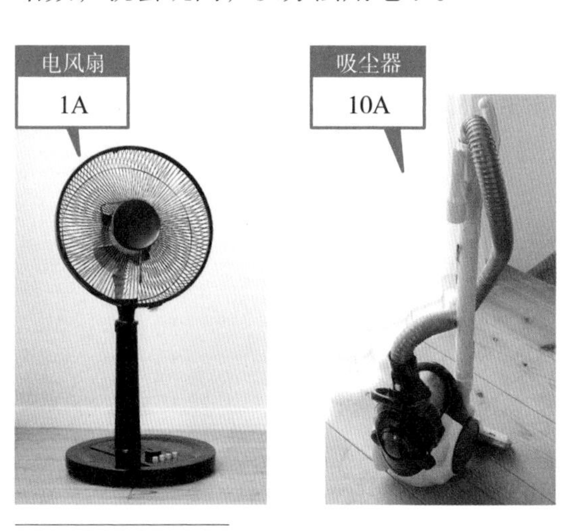

[1] 现在很多国家电力公司在签约时需要选择最大电流（安培数），不同档次的最大电流收费不一样。中国目前一般为20A，如有需要也可以申请增加，通常不会额外收费。——译者注

3. 电功率和电能的单位：瓦特（W）、千瓦时（kW·h）

电功率是指电器输出能力的大小

前文已经介绍，电的单位有电压和电流，其实还有一个电的单位，它就是电功率，用瓦特（W）表示。电功率是指电流在单位时间内做的功，我们也可以计算它的大小。电压乘以电流，得到结果就是电功率。

电功率 = 电压 x 电流

电压或者电流越大，电功率也越大。

看看家里各种电器的瓦特数

电器上都会标注电功率，所以让我们来看看家里各种电器吧。基本上各种电器都带有右图那样的标志牌。想节约用电，就要注意大功率电器的使用！

额定电压	220V
额定频率	50/60Hz
电机额定功率	140W
电热组件额定功率	1250W
额定时间	仅洗涤 35 分钟
最大洗涤容量	9.0kg

洗衣机的电功率

电能的单位是“千瓦时”

千瓦时（kw · h）是电能的单位，表示电功率为 1 千瓦的电器在 1 小时中消耗的电能（用电量）。在电功率相同的情况下，使用时间越短，用电量就越小；反过来时间越长，用电量就越大。

电力公司会测算各家庭的用电量，收取相应的费用。

装在家里的电表

电表可以测算用电量

安培、伏特、瓦特，这些单位全都来自科学家的名字

安培（A）
安德烈 · 玛丽 · 安培

19 世纪的法国物理学家，发现了电流与磁力的关系，也就是安培定律。

伏特（V）
亚历山德罗 · 伏特

意大利物理学家。1800 年制造出了全世界第一组电池，称为“伏特电池”。

瓦特（W）
詹姆斯 · 瓦特

18 世纪的英国发明家，改进了蒸汽机，大大促进了产业革命的发展。

4. 电阻的单位：欧姆（Ω）

欧姆这位科学家发现了电阻

电阻表示电路中电流遇到的阻碍，它的单位是欧姆，符号写作 Ω。19 世纪的德国物理学家乔治·西蒙·欧姆发现了电阻。

乔治·西蒙·欧姆
1789 年生，发现了电压和电流之间的关系，也就是欧姆定律。

电路设计时所用的欧姆定律是什么

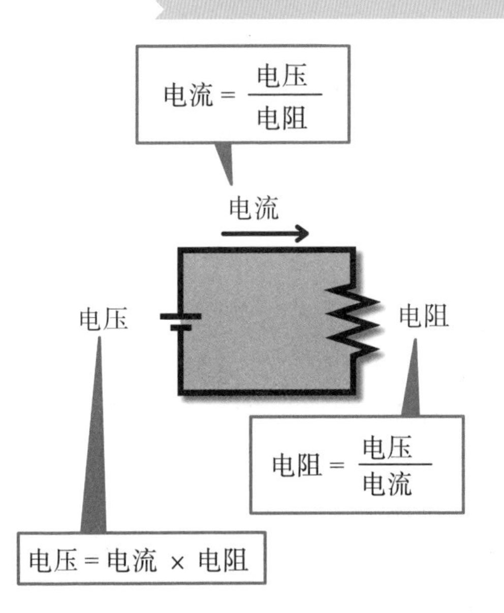

电流符号为 I，单位为安培（A）；电压符号为 U，单位为伏特（V）；电阻符号为 R，单位为欧姆（Ω）。欧姆定律表示了电流与电压的关系。它可以写成左边的公式。欧姆定律表明，电压越大，电流越大；电阻越小，电流也越大。欧姆定律是设计电路时的最基本的定律之一。

电器中也在用电阻

电器的电路里必定会有电阻。有些电阻的形状如右图所示。通过上面不同颜色的色标（色环），我们就能知道电阻的大小。

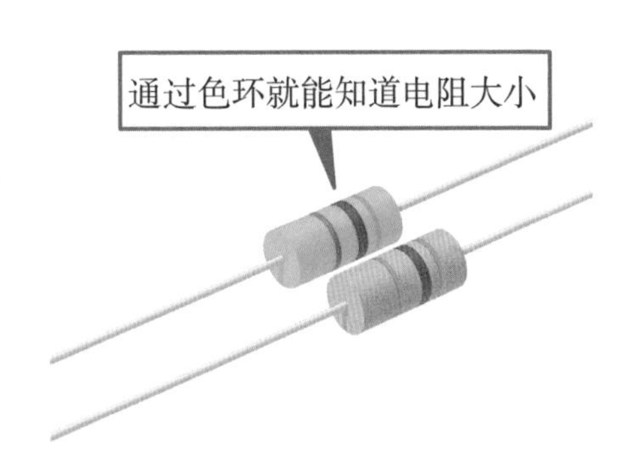

电阻能够调节电路中的电流

没有电阻的情况下会形成短路，电流急速通过，非常危险。

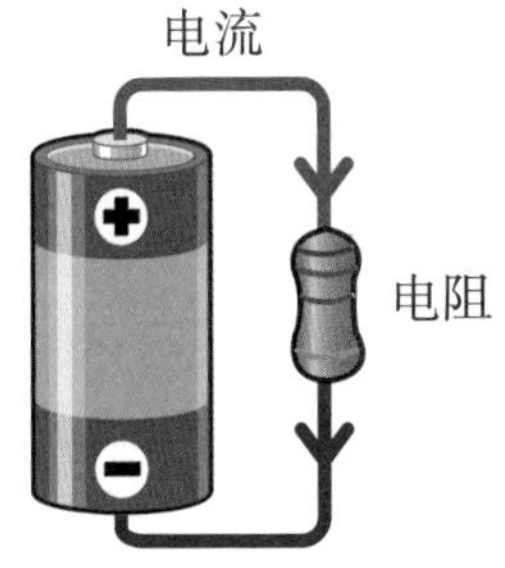

加入电阻，可以让电流慢慢通过。

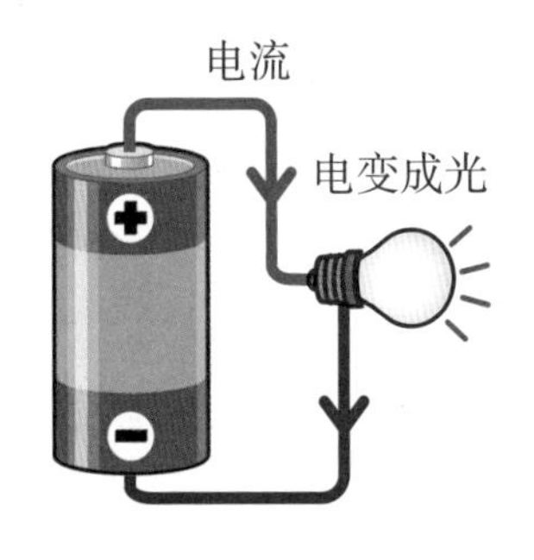

电灯泡也是一种电阻，它能让电变成光。

电路里绝对不能没有电阻！

如上图所示，电阻能够调节电路中的电流。如果没有电阻，直接把电池的正负极接到一起，电流会急速通过，电池一下子就没电了。灯泡也是一种电阻，它能将电能转化为光能。

小专栏

多种多样的电池

干电池有许多种类和形状

圆柱形干电池从 1 号到 8 号，有许多种。它们的电压都是 1.5V，但容量各不相同。方块电池的电压是 9V。在使用的时候，我们要根据机器的要求选用对应的电池。

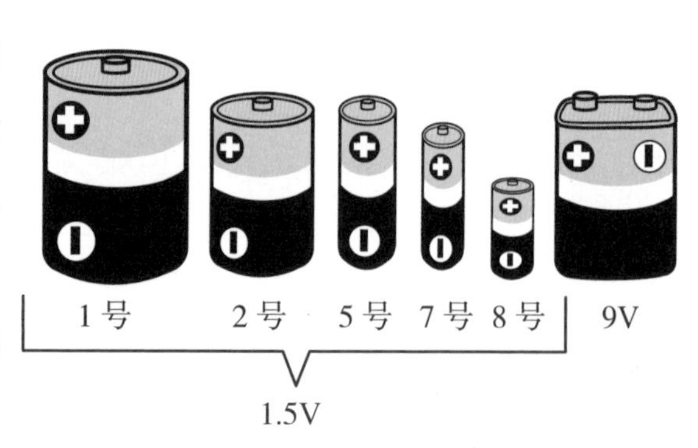

像手电筒这种需要长时间发光的东西，通常会用大容量的 1 号或 2 号电池。

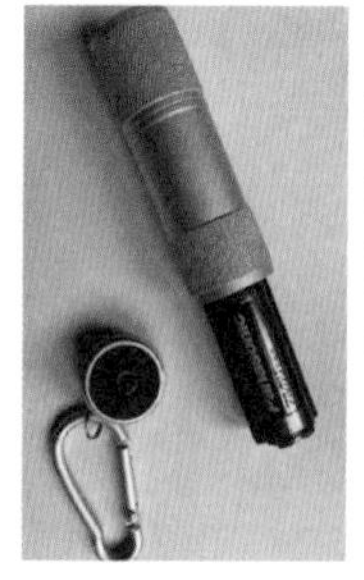

LED 灯泡耗电量少，体积也小，所以通常使用 5 号电池。

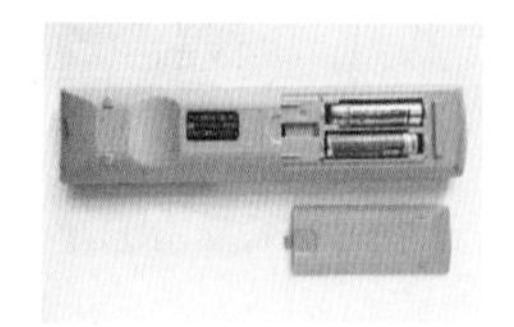

电视遥控器的耗电量更少，体积更小，所以通常使用 7 号电池。

充电电池

有些电池的形状和干电池一样，但可以反复充电。普通的干电池都是一次性的，但充电电池可以用专用充电器充电后再次使用。

可以反复充电使用

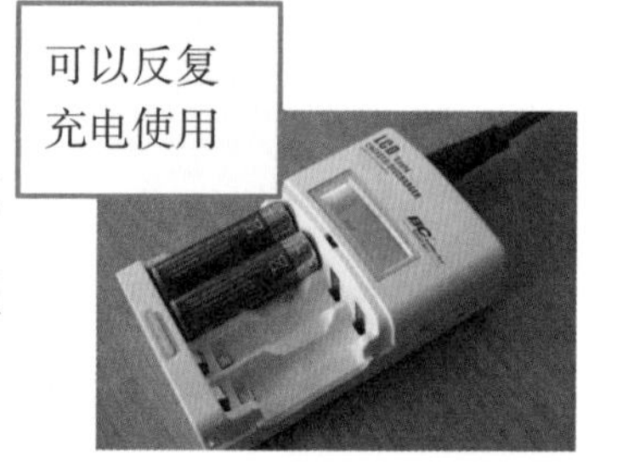

纽扣电池用在小型设备上

干电池中更小的电池，叫作纽扣电池，它们通常用在小型设备上，例如手表、体温计、计算器、汽车钥匙等。

纽扣电池的直径为 1 ~ 2cm

手表

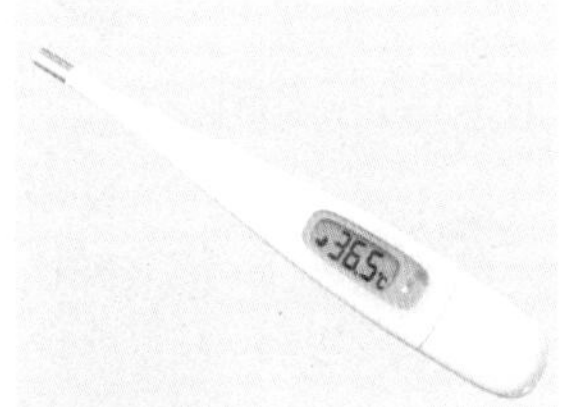

体温计

汽车钥匙

手机和电动汽车中用的是不同种类的电池

手机和电动汽车中用的是锂电池。它和前面说的电池不一样，没有固定的形状。锂电池的容量很大，又轻又小，还能反复充电。

手机

电动汽车

5. 磁感应强度的单位：特斯拉（T）、高斯（G）

神奇的磁铁又能相吸、又能相斥

磁铁有 N 极和 S 极。如果把不同的两极凑在一起，它们会互相吸引；如果把相同的两极凑在一起，它们会互相排斥。这种吸引和排斥的力，叫作磁力。

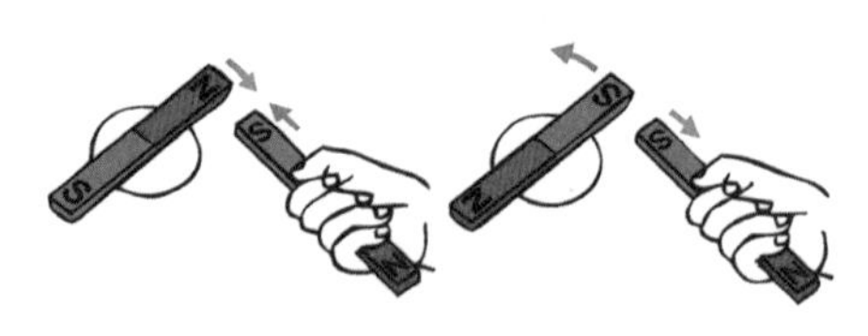

N 极和 S 极之间有引力，N 极和 N 极（或者 S 极和 S 极）之间有斥力

在磁棒周围撒上铁粉，会出现有趣的图案

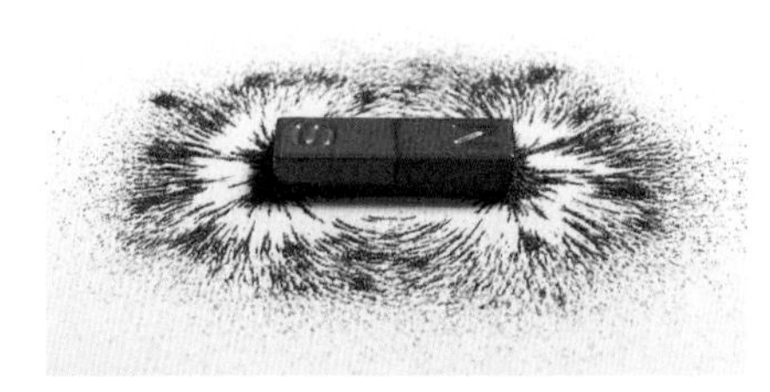

仔细观察铁粉图案，我们可以看到 N 极和 S 极似乎都在向外发射线条，这种线条表示的是磁铁周围的磁场。磁场可以通过撒在周围的铁粉看到。

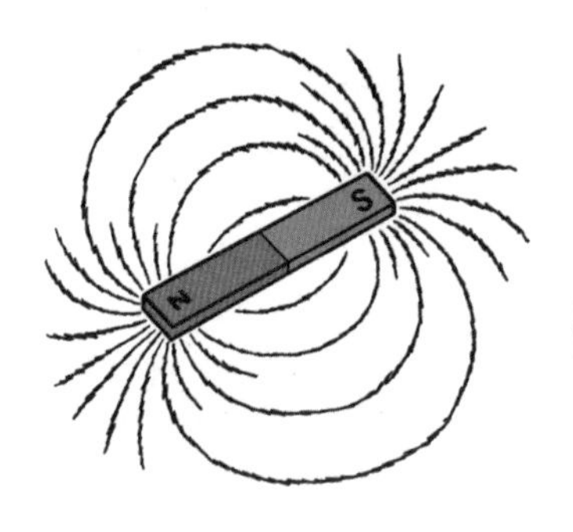

磁场本来是看不见的，但撒上铁粉就能看见了！

特斯拉和高斯都是表示磁感应强度的单位

特斯拉（T）和高斯（G）都是表示磁感应强度的单位，用于描述磁场的强弱和方向。特斯拉是国际标准单位，而高斯是高斯制（CGS单位制）单位。两者的关系是1T=10 000G。高斯是以前用的单位，现在一般使用特斯拉这个单位，1T=1×10^3mT（毫特斯拉）=1×10^6μT（微特斯拉）。

我们平时常用的磁铁，可以用特斯拉（T）来表示它的强度。

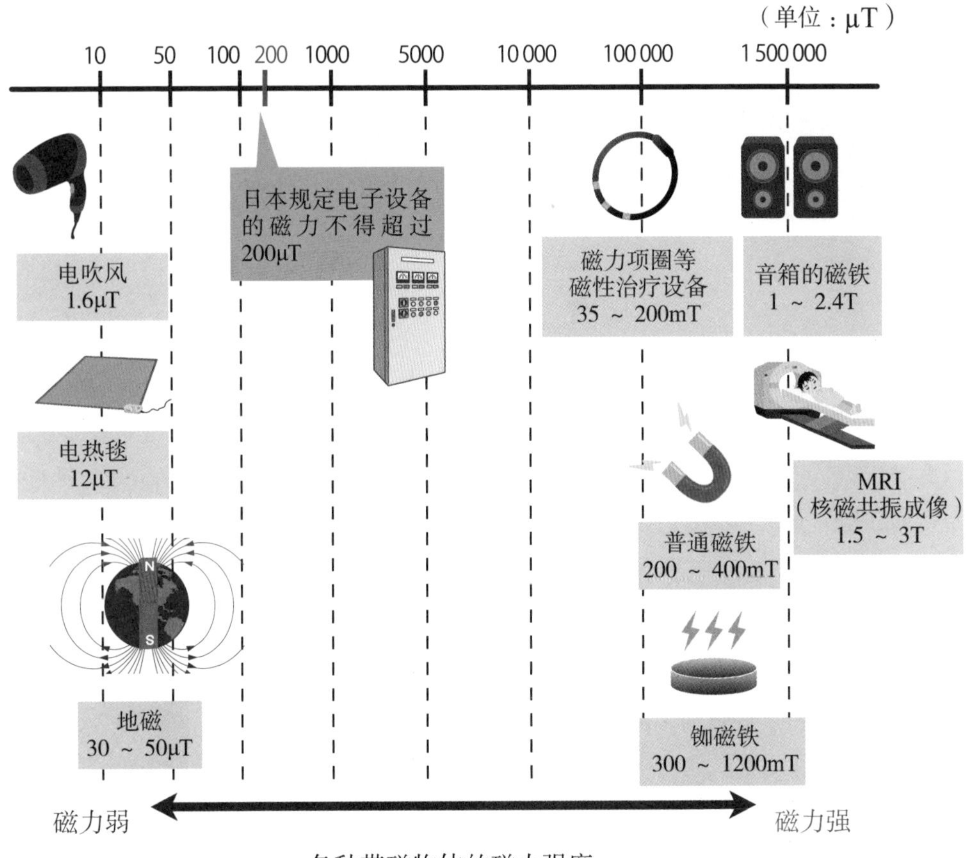

各种带磁物体的磁力强度

磁铁不光能吸东西，它还有许多用处

磁铁能用来促进血液循环。有一种医疗产品叫作“磁疗贴”，贴在肩膀等部位可缓解肌肉酸痛，磁力强度从 80mT 到 200mT 不等，我们在购买时要注意看清包装上的标注。

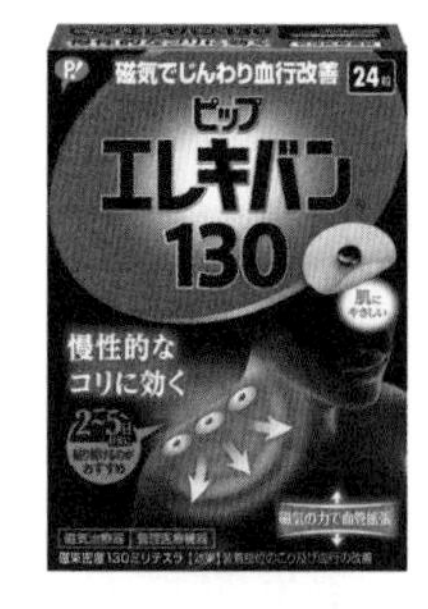

Pip Electric Van 130
磁疗贴

Pip Electric Van MAX50cm
磁力项圈

Pip Electric Van
脚底绑带

照片提供：Pip 株式会社

特斯拉和高斯都是来自人名的单位

尼古拉·特斯拉

活跃于 19 ~ 20 世纪中叶的发明家。今天全世界广泛使用的交流电输电方式，就是特斯拉发明的。他与推广直流电的爱迪生是竞争对手。

卡尔·弗里德里希·高斯

从小展现出数学和古典语言的杰出才能，是近代数学的奠基者之一。除了数学上的贡献，高斯还在天文学等领域留下了诸多业绩。

观察体内情况时，也会使用磁力

MRI 是一种观察体内情况的技术，它用的也是磁力。利用 MRI，我们可以绘制大脑、内脏等体内器官的结构图像。虽然我们利用 X 射线也可以获取人体内部的结构图像，但 X 射线是放射线，频繁照射会损害健康，而 MRI 是通过 1.5 ～ 3T 的强磁力与无线电波的组合来观察体内，人体不会遭受放射线的影响。

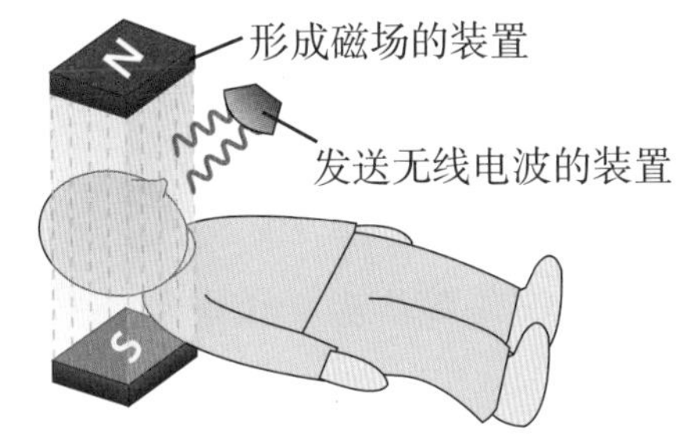

有人做过用磁力让青蛙飘浮的实验

英国曼彻斯特大学的安德鲁·盖伊姆博士，以“青蛙的磁力飘浮”实验获得 2000 年的搞笑诺贝尔物理学奖。这个实验通过将青蛙放在强大的磁场中使之飘浮。因为水具有抵抗磁力的性质，所以青蛙体内含有的水分通过磁力获得了向上的力，青蛙就飘浮起来了。

用强大的磁力让青蛙飘浮在空中

6. 速度单位：米每秒(m/s)、千米每秒(km/s)

速度是指 1 秒或 1 小时等时间内能够移动多少距离

速度是指物体运动的快慢，它表示单位时间内能够移动多少距离。1 秒内移动的距离叫作“秒速”，1 分钟内移动的距离叫作“分速”，1 小时内移动的距离叫作“时速”。

例如，秒速 3 米写作 3m/s，以 3m/s 移动的物体 1 秒钟可以移动 3 米。如果是 50km/h，则说明 1 小时可以移动 50 千米。

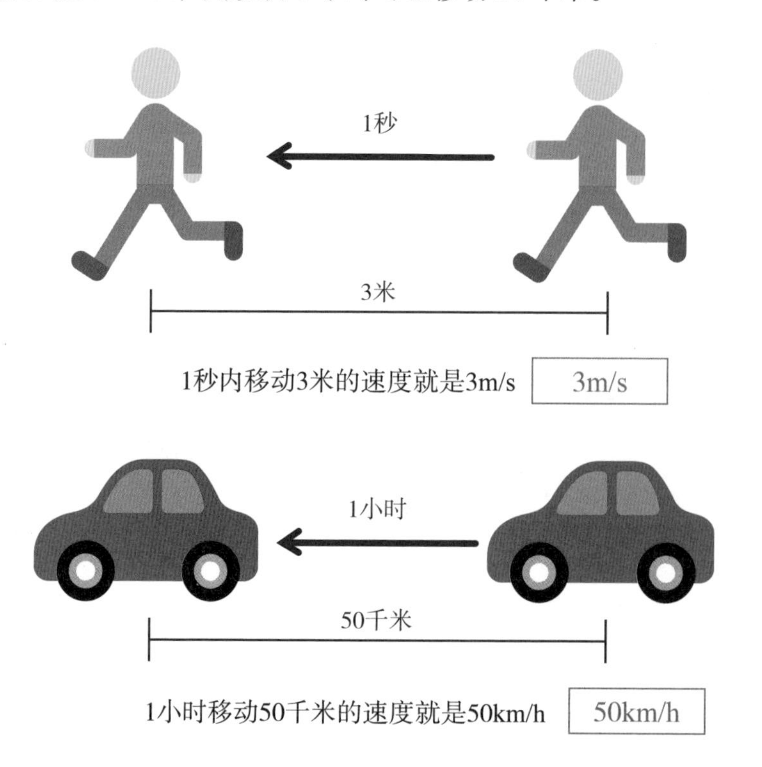

来看看各种速度单位

什么时候会用到速度呢？

说到汽车的时候会用“时速”。你看到过这样的标志吧？

在路上看到过。

它表示最大速度为时速50千米，不能比这个速度更快。

这样啊！

电梯上说的“分速”，你知道是什么意思吗？

1分钟内移动的距离？

CTF 金融中心

世界上最快的电梯（截至2024年1月），位于中国广州的CTF金融中心，分速可达到1260米。2019年，它被收录在吉尼斯世界纪录中，其制造商是日本的日立制作所。

答案：秒速 =100m/9.58s ≈ 10.44m/s

时速 =10.44m/s × 3600s/1000m ≈ 37.58km/h

做个计算

100米短跑的世界纪录是牙买加“飞人”尤塞恩·博尔特的9.58秒，请计算出相应的秒速和时速。

（答案在本页中）

7. 速度单位：马赫(Ma)、节(kn)

马赫指的是速度与音速的比值

声音依靠振动空气来传播。声音的传播速度叫作音速，音速会受到温度的影响，气温越高，音速越快。不过，我们通常说的音速是指气温15℃时的速度，约为340m/s（转换成时速约为1225km/h）。马赫（Ma）这个单位用于表示速度与音速的比值。1马赫就是指时速为1225千米。

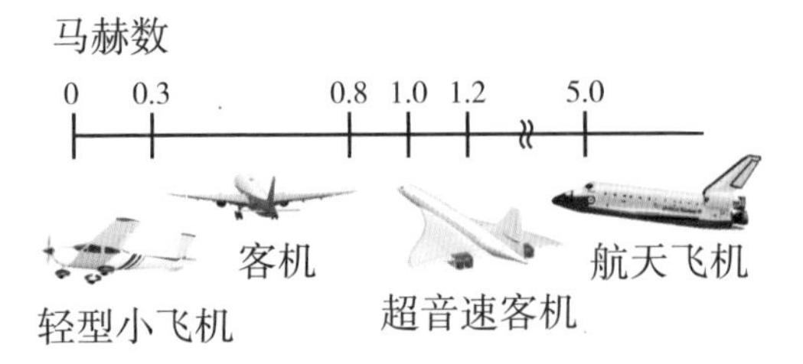

超过音速时会产生冲击波

飞机在超过音速时会产生特殊的空气振动，形成冲击波。这种冲击波传到地面时，会发出巨大的声音，听起来就像爆炸一样，被称为“声爆”。有时候，强烈的冲击波甚至会震碎玻璃。不仅飞机会产生声爆，陨石也有可能产生声爆。

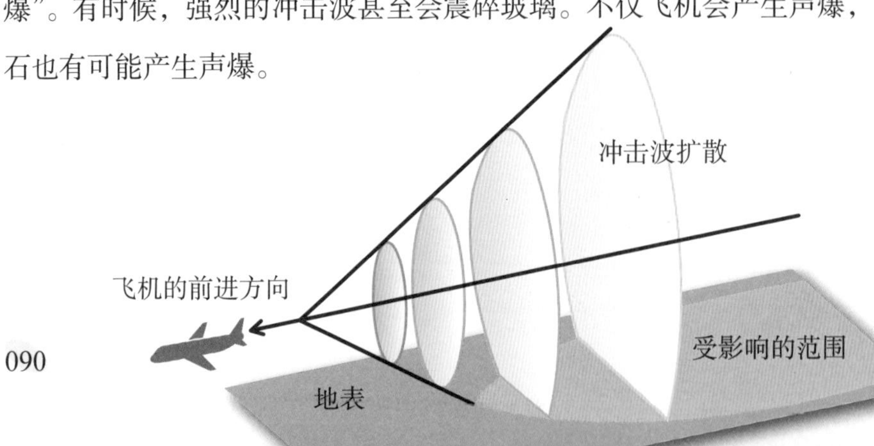

节表示船只的速度

节是用于表示船只速度的单位。1节（kn）相当于1小时行驶1海里（约1852m）的速度。“节”本来的意思是“绳结”，以前人们会把打结的绳子放到海里，根据绳结的数量计算速度。

各种船只的速度

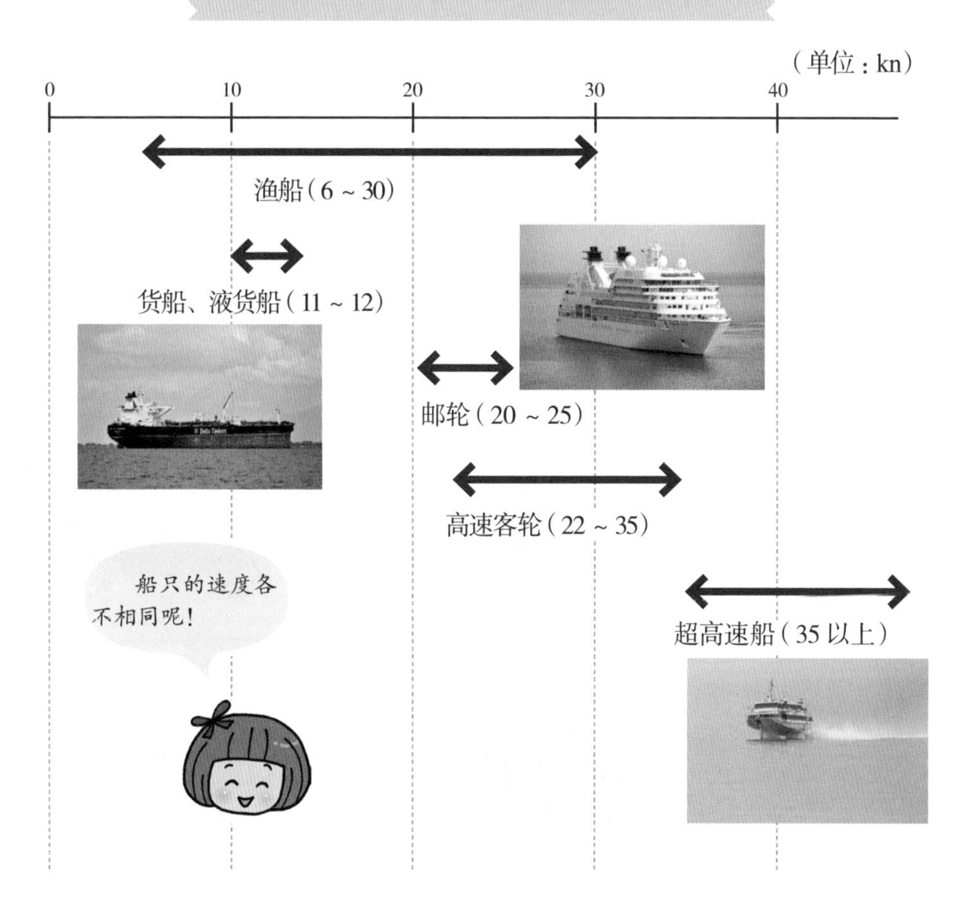

8. 加速度的单位：米每二次方秒（m/s^2）

乘坐汽车、地铁的时候，感觉到的推力就是加速度

汽车、地铁在启动或停止的时候，我们的身体会有种被推动的感觉，那种推力的实质就是加速度。

加速度指的是速度变化的快慢，用“m/s^2”表示，它的意思是速度在1秒钟里变化了多少。如果物体在运动，但速度始终没有变化，那么加速度就是0。

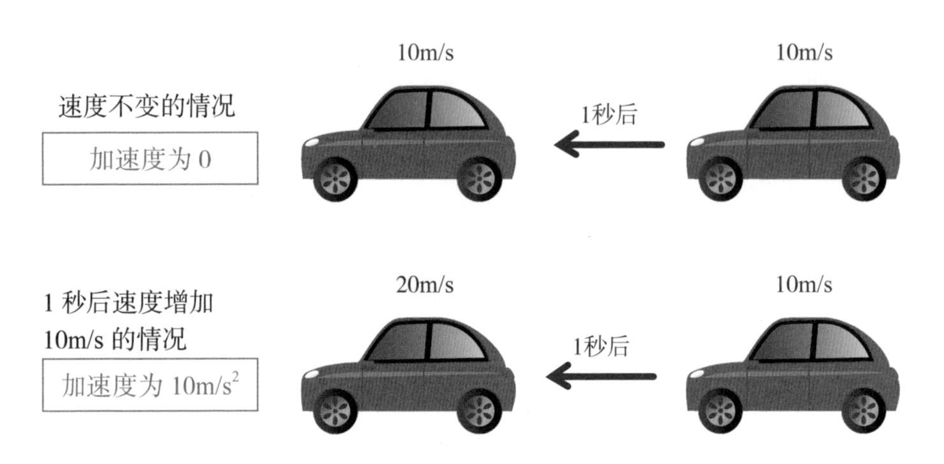

地球有重力

©NASA

地球上有重力，重力会把物体“拉住”。人和建筑之所以能保持在地面上，就是因为有重力。你肯定看到过宇航员在空间站里飘浮的影像，没有重力的地方就会如此。地球上有重力，所以我们跳起来之后还是会落回到地面。如果没有重力，人只要向上一跳，就会一直飘到太空。

在表示很大的加速度时，还会用“G”这个单位

重力对自由下落的物体产生的加速度叫作重力加速度。它的值约为 $9.8m/s^2$。而“G”这个单位则是表示加速度是重力加速度的多少倍。

1G 表示加速度和重力加速度相同，2G 表示加速度是重力加速度的 2 倍。无重力的情况下就是 0G。它还意味着受到自己体重多少倍的力，所以 2G 的情况下，体重也变成了之前的 2 倍。

火箭发射时的加速度为 6G（美国阿波罗火箭）

在赛车道上飞驰的 F1 赛车

急刹车时加速度为 4G

急转弯时横向加速度为 5G

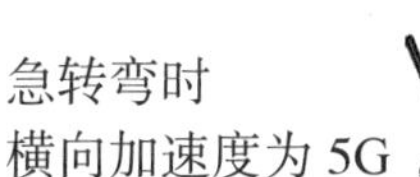

6G 时，体重 50kg 的人会变成 300kg。如果人长时间承受过高的加速度，会有昏迷的危险。

9. 热量单位：卡路里（cal）

“0 卡路里”中的“卡路里”，你知道是指什么吗

卡路里（cal）是热量（能量）单位。在标准大气压下，将 1g 水的温度提高 1℃所需的热量就是 1cal。我们吃下去的食物在消化后会变成能量，而表述这些能量的时候经常会用“卡路里”这个单位。不同的食物所含的卡路里是不一样的。知道每种食物的卡路里，有助于保持匀称的身材。

将 1g 水的温度提高 1 ℃ 所需的热量就是 1cal

吃下去的食物会变成热量

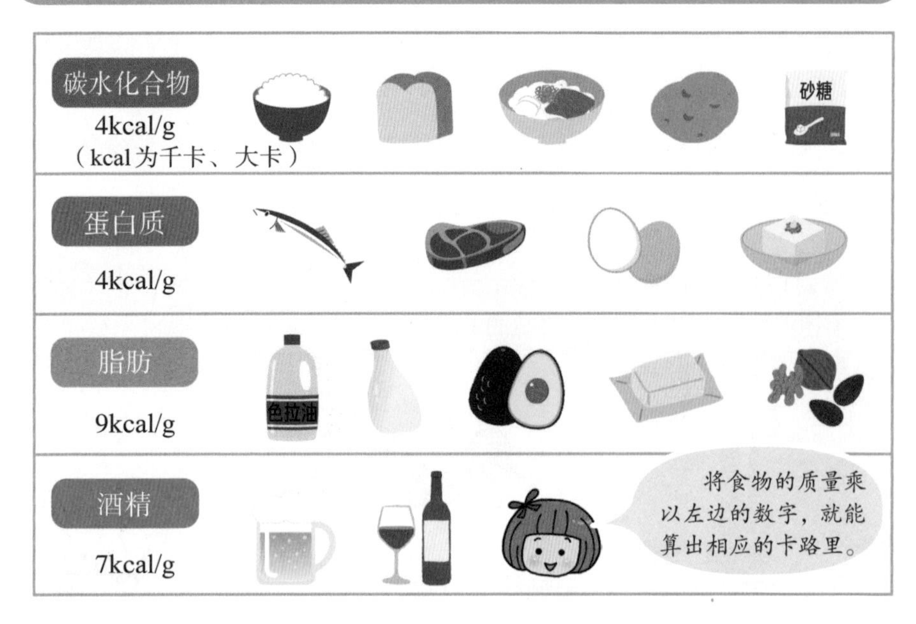

不同年龄和性别对卡路里的需求也不同

不同年龄的人对卡路里的需求不同，而且男女有别，如小学三年级男生每天需要摄入 1850kcal，而小学六年级的女生每天需要摄入 2100kcal。

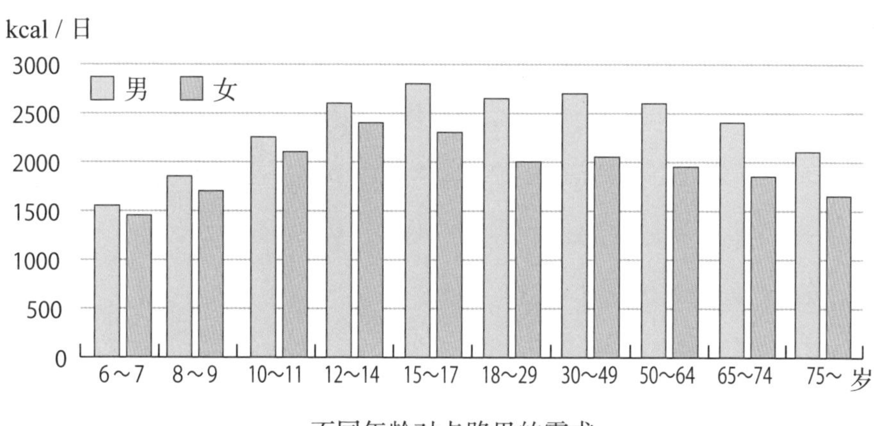

不同年龄对卡路里的需求

体重为 50kg 的成人不同活动消耗的卡路里

用吸尘器打扫房间
15 分钟
33 kcal

慢跑
20 分钟
123 kcal

洗碗
10 分钟
20 kcal

打棒球
30 分钟
131 kcal

做饭
30 分钟
66 kcal

踢足球
45 分钟
276 kcal

10. 热量单位：焦耳（J）

焦耳是表示热量、能量、功的单位

焦耳（J）也是表示热量（能量）的单位。用 1 牛顿（N）力把 1 千克的物体移动 1 米，所需的能量就是 1 焦耳。对物体施加力并使其移动的过程称为“做功”，做功的具体数值叫作“功”。热量、能量和功，其实都是同样的意思。卡路里是侧重于热量的单位，而焦耳是侧重于功的单位。

将 1 个和苹果（200g）差不多重的物体垂直移动 1 米，所需的能量就是 1 焦耳

焦耳对热力学发展做出重要贡献

19 世纪的英国物理学家詹姆斯·普雷斯科特·焦耳，出生在一个经营酿酒厂的富裕家庭。他没有在大学之类的研究机构中任职，而是自己开展研究。焦耳取得了许多显著的成就，他发现了焦耳定律和能量守恒定律。由于这些研究成果，人们用他的名字“焦耳”来命名热量单位。

为什么会有“卡路里”和“焦耳”这两种表示热量的单位呢

卡路里和焦耳都是表示热量的单位，1cal 约等于 4.2J。那么，为什么会有两种表示热量的单位呢？这是因为，人们一开始将 1g 水的温度提高 1℃所需的热量定义为 1cal，但后来发现，如果水的温度不同，将它提高 1℃所需的热量也会不同。也就是说，对于 0℃的水和 15℃的水，要将它们的温度提高 1℃所需的热量是不同的。所以为了避免这种混乱，人们采用了“焦耳”这个热量单位。

在今天，“卡路里”只用来表示食物相关的热量。

能源的热量

煤油	1L	36.7MJ
汽油	1L	37.7MJ
航空汽油	1L	36.7MJ
液化石油气（LPG）	1kg	50.8MJ
液化天然气（LNG）	1kg	54.6MJ
电力	1kW · h	9.28 ～ 9.97MJ

“兆焦”（MJ）是个很常用的单位。1 兆焦 = 1 000 000 焦耳。

11. 酸碱度的单位：pH 值

你做过石蕊试纸的实验吗

利用石蕊试纸，我们可以判断物质是酸性、碱性还是中性。pH 值是表示酸性或碱性程度的单位。石蕊试纸无法测量 pH 值，需要用 pH 试纸之类的专用试纸。

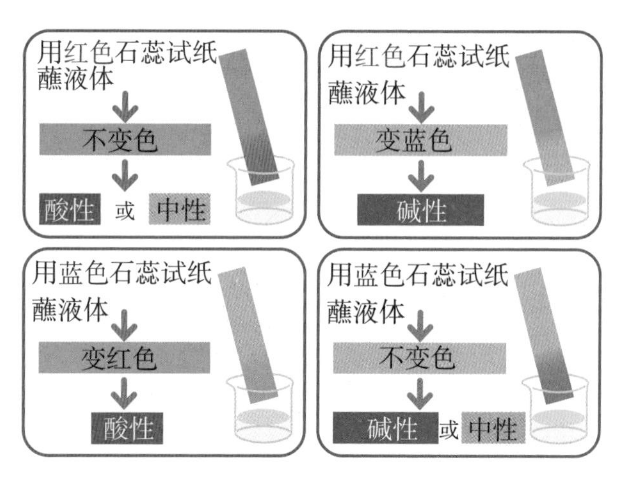

pH 值用 0 ~ 14 的数字表示

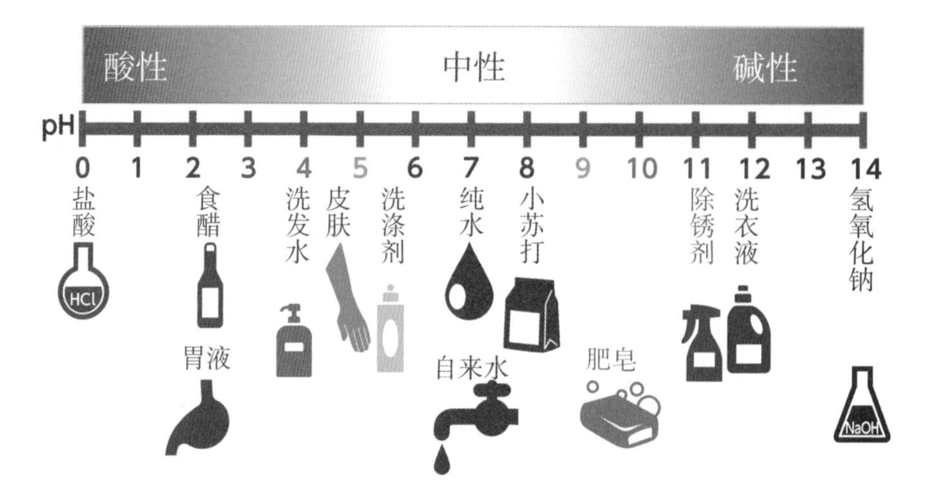

酸性物质和碱性物质具有不同的性质

酸性和碱性指的都是水溶液（物质溶于水后形成的液体）的性质。pH 值等于 7 是中性，小于 7 的是酸性，大于 7 的是碱性。数字越小，酸性越强；数字越大，碱性越强。

酸性物质的性质

酸性物质的特征是舔上去会有酸味，它还能和金属发生反应，释放出氢气。

碱性物质的性质

碱性物质一般会有苦味，并且能溶解蛋白质。它会溶解粘在皮肤上的蛋白质，摸起来滑溜溜的。

在种植物的时候，需要根据土壤的 pH 值调整种植方法

土壤的 pH 值会给植物生长带来极大的影响。大部分植物都喜欢弱酸性的土壤，但如果酸性太强，植物也没办法生长。这种时候就需要混入石灰，减弱酸性。绣球花的颜色会随着土壤的酸碱度而变化：酸性的时候花会变成蓝色，碱性的时候会变成红色。

pH	蔬菜的种类
6.5 ~ 7.0	菠菜　豌豆
6.0 ~ 6.5	生菜、西兰花、南瓜、茄子、番茄
5.5 ~ 6.5	卷心菜、洋葱、草莓、萝卜、胡萝卜
5.5 ~ 6.0	番薯、马铃薯、生姜、大蒜

水果蔬菜的适宜 pH 值

pH	花的种类
6.5 ~ 7.5	牵牛花
5.5 ~ 7.0	玫瑰
6.0 ~ 7.0	绣球花（红）
4.0 ~ 5.0	绣球花（蓝）
4.5 ~ 5.0	杜鹃

花的适宜 pH 值

12. 放射性活度和辐射剂量的单位：贝可勒尔（Bq）、希沃特（Sv）

这本书和你的身体都是由原子构成的

世界上的一切物质都是由原子构成的。虽然我们的肉眼看不见原子，但手里拿的这本书，还有我们的身体，全都是由无数原子构成的。原子有许多种，每种原子都有不同的性质。

例如，氢原子是最轻的原子，曾经被用在载人气球和飞艇中。但氢气容易爆炸，历史上也确实发生过爆炸事故，所以现在不再用氢气，而是改用氦气。氦也是很轻的原子，而且很稳定，不会爆炸。除此之外，我们人类在呼吸的时候会把氧气摄取到体内，来氧化营养物质获得能量。可见，各种原子都有自己的作用。

原子是一种元素能保持其化学性质的最小单位。假如我们在光学显微镜下观察水，就能看到两个氢（H）原子和一个氧（O）原子构成了一个水分子。

如今人们已知的 118 种原子都拥有全世界通用的特有符号，也就是元素符号。元素的性质随着元素的原子序数的递增呈周期性变化的规律叫作“元素周期律”。俄国化学家德米特里·门捷列夫于 1869 年发表了第一张元素周期表。

氢

最轻的原子，容易爆炸，处理时要当心。氢是广受瞩目的新能源之一，还有用氢做燃料的汽车。

氦

第二轻的原子。和氢不同的是它很稳定，经常用在气球里。

锂

电脑、电动汽车用的锂电池的原料就是锂。和以往的电池相比，锂电池的输出功率更高，而且更小、更轻。

碳

木头和纸张中含有大量的碳，在点燃条件下，碳会和氧发生反应，燃烧起来。人类很久以前就开始利用碳来取暖、烧饭，碳的用途十分广泛。

原子由电子、质子、中子构成

原子是由更小的粒子构成的。原子的中心是原子核，它由质子和中子构成，在原子核的外侧还有电子。质子、中子和电子的数量决定了原子的性质。质子带正电，电子带负电，中子不带正电也不带负电。

最轻的原子是氢，它只有1个质子和1个电子。氦有2个质子、2个中子和2个电子。

原子的结构

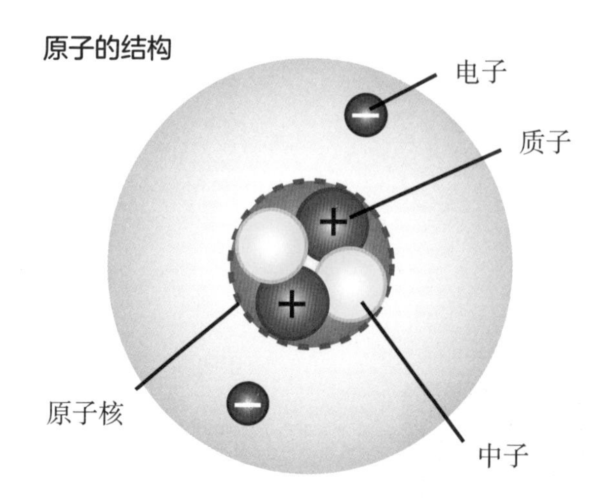

不稳定的原子会释放射线

通常来说，原子中的质子、中子、电子之间会形成平衡，但有些原子核里会有多余的中子，这会导致原子变得不稳定，为了恢复平衡，原子核会发生放射性衰变，释放出射线。

如果原子核释放的是2个中子和2个质子（氦原子核），这就叫 α 射线。如果释放的是电子，就是 β 射线。除此之外还有 γ 射线，γ 射线是电磁波的一种。

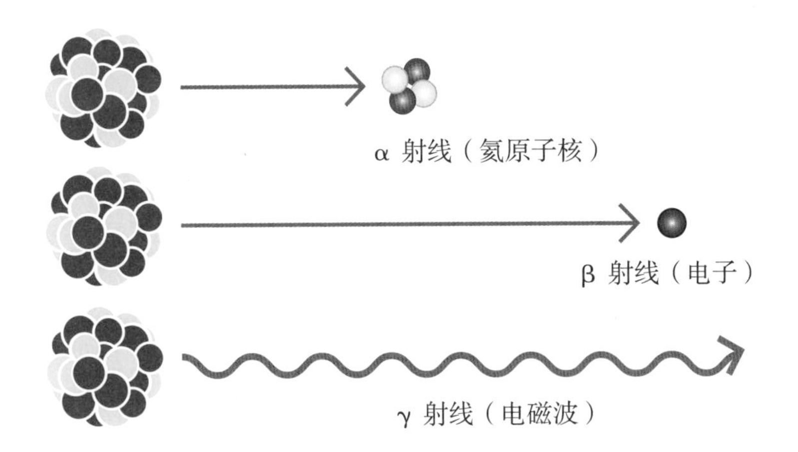

贝可勒尔（Bq）是表示放射性活度的单位

贝可勒尔是表示放射性活度的单位。上一页说过，不稳定的原子发生衰变时会释放出 α 射线、β 射线或者 γ 射线，而贝可勒尔就是指 1 秒内有多少个原子核发生衰变。如果 1 秒内 2 个原子核发生衰变，就写作 2Bq。

亨利・贝可勒尔

贝可勒尔是 19 世纪的法国物理学家。他作为“天然放射性”的发现者，和皮埃尔・居里、玛丽・居里共同获得了 1903 年的诺贝尔物理学奖。1975 年第十五届国际计量大会将放射性活度的国际单位命名为贝可勒尔，简称贝可。

希沃特是辐射剂量的单位

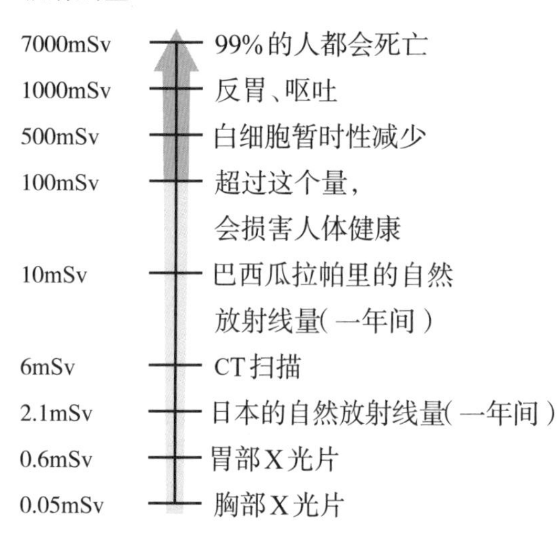

贝可勒尔用于表示放射性活度。而希沃特表示的是，当遭受电离辐射时人体所受的影响。人体被射线照射时，细胞会受到损伤，引发相关的疾病，过量照射可能会导致死亡。不过细胞具有修复功能，少量的射线照射通常不会产生问题。一般认为，100毫希沃特（mSv）以下的照射对健康没有明显影响。在估算影响程度时，我们就会用到“希沃特”这个单位。

各地区公布的空间辐射剂量率中使用的单位是微希沃特（μSv/h）

2011年的福岛核事故释放出大量的放射性物质。此后，各地区都开始监测和公布空间辐射剂量率，以便了解放出了多少射线。空间辐射剂量率以每小时多少微希沃特的形式表示。

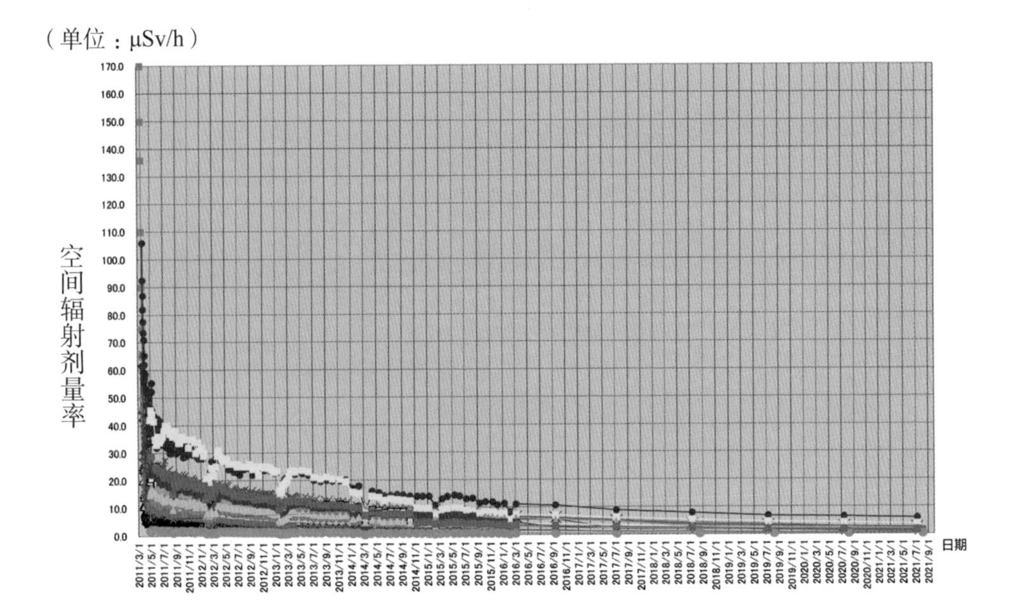

2011 年福岛核事故以来，福岛县浪江町各监测点的空间辐射剂量图。从图中我们可以发现，随着时间的推移，空间辐射剂量呈下降趋势。

出处：日本核能管理委员会官方主页

在判断发掘出来的动植物和文物属于哪个年代时，也会用到射线

在判断考古发掘出来的动植物和陶器属于哪个年代时，也会用到射线。只要弄清发掘出来的物品中含有多少碳 –14 这种特定的放射性物质，就能推测出物品的年代。这种方法被称为“碳年代测定法”。

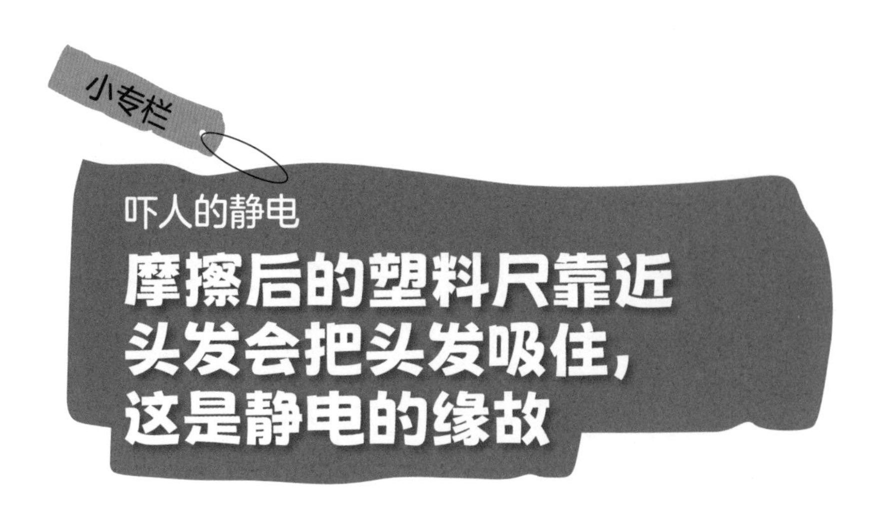

你知道静电吗

你肯定玩过这样的游戏：在头上摩擦塑料尺，尺子就会吸住头发。为什么会这样呢？这和静电有关。一开始，尺子和头发上都有带正电的静电和带负电的静电，它们的量基本相等，所以相互之间保持着平衡。但用尺子摩擦之后，头发上带负电的静电就会跑到尺子上，于是头发上只剩下正电，尺子上多了好多负电，两者之间便出现了相互吸引的力。尺子的原料是聚氯乙烯（一种塑料），它具有吸引负电的性质，所以尺子会带上负电。

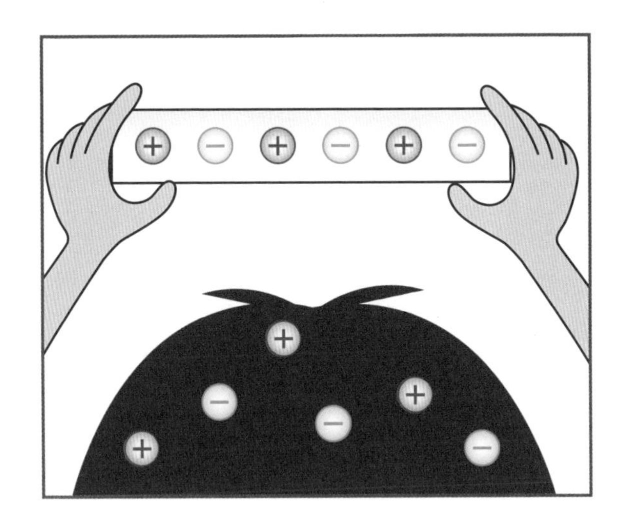

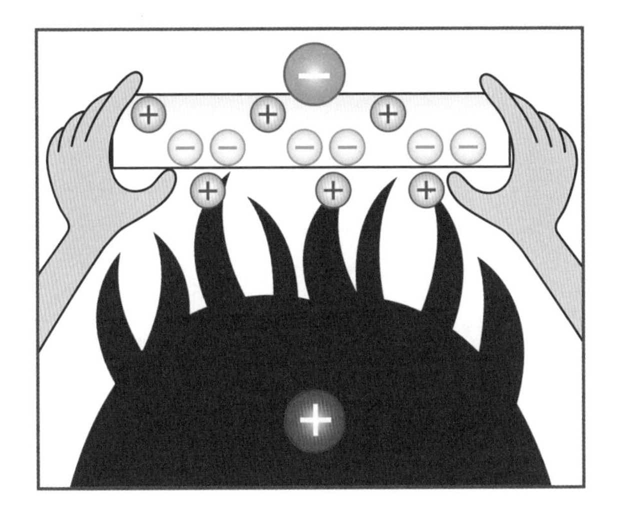

冬天摸金属门把的时候会被电到，那也是静电惹的祸。在日常活动中，身体和衣服不断摩擦，积累了许多静电。当触摸金属的时候，那些静电一下子全被释放出来了。

这一章收集了社会生活中常用的单位，比如声音、光、坡度、货币、历法的单位。

第五章 社会的单位

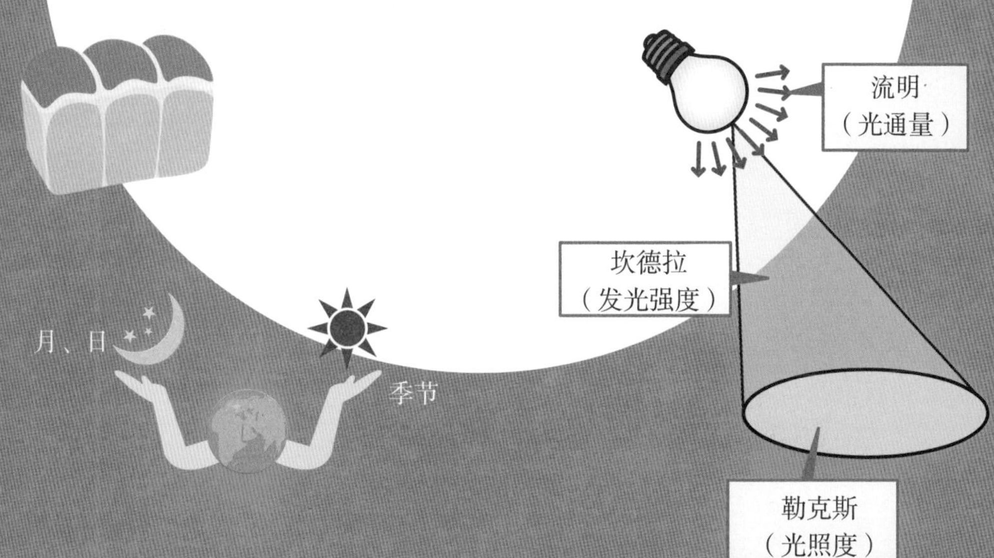

1. 声音的单位：分贝(dB)

分贝表示“声压”的大小

声音是一种波，它依靠振动空气或水之类的物质传播。振幅越大，声音越大；振幅越低，声音越小。

分贝是声压级的单位，主要用于表示声音的强度。

0dB 并不是说没有声音，而是指声音很小，人几乎听不见。20dB 的声音，相当于 0dB 的 10 倍，听起来类似树枝摇摆的沙沙声。40dB 相当于 0dB 的 100 倍，图书馆中的声音约为 40dB。

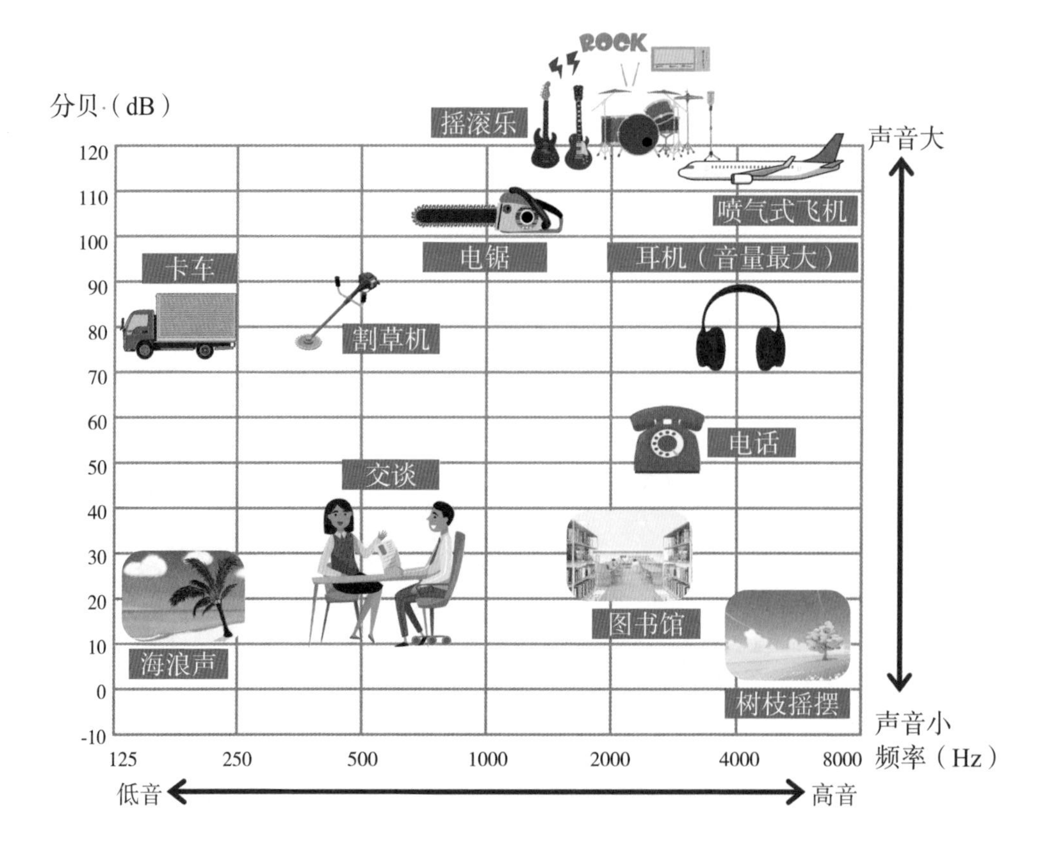

合唱的声音大小相当于摇滚乐吗

一般情况下，一个人唱歌的声音是60dB，摇滚乐的声音是120dB。如果你的朋友用同样大的声音与你一起合唱，那么声音大小是不是60dB+60dB=120dB，相当于摇滚乐呢？其实不是的。你们合唱的声音大小应该是63dB左右。

这就是分贝这个单位的奇特之处。它能很好地表示人耳感觉到的声音大小。

1个人 60dB

2个人 63dB

降低噪声的机制

前面说过，声音是一种波。所以，如果想要消除某种噪声，只要产生出形状完全相反的波（逆相位），让它们互相抵消，就能实现降噪了。

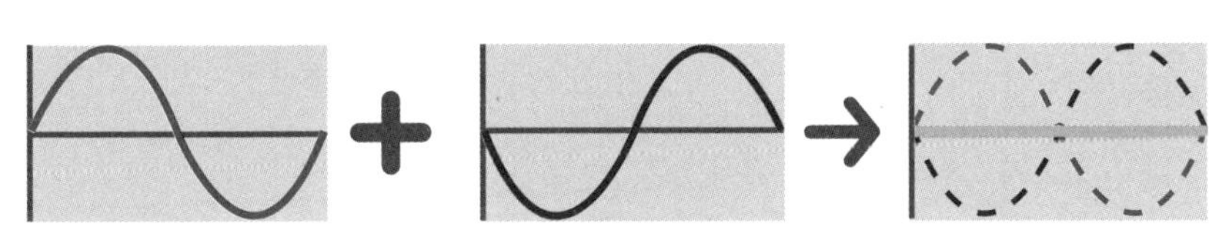

原来的声波　　逆相位的声波　　声波互相抵消，声音消失

用相反的波去抵消噪声，声音就被消除了。

2. 光的单位：坎德拉(cd)、流明(lm)、勒克斯(lx)

光有三种表示方法

坎德拉（cd）

光是由“光源”发出来的。而要表示发光强度，就要用“坎德拉”这个单位。光的强度叫作“光度”，1 坎德拉大约是 1 根蜡烛的光度。

流明（lm）

光源会向各个方向发光，人眼能感觉到的辐射功率叫“光通量”，“流明”就是描述光通量的单位。

勒克斯（lx）

光能把一块地方照到多亮，这叫作“照度”。“勒克斯”是光照度的单位。如果 1 流明的光束均等地照射到 1 平方米的平面上，此时的光照度就是 1 勒克斯。

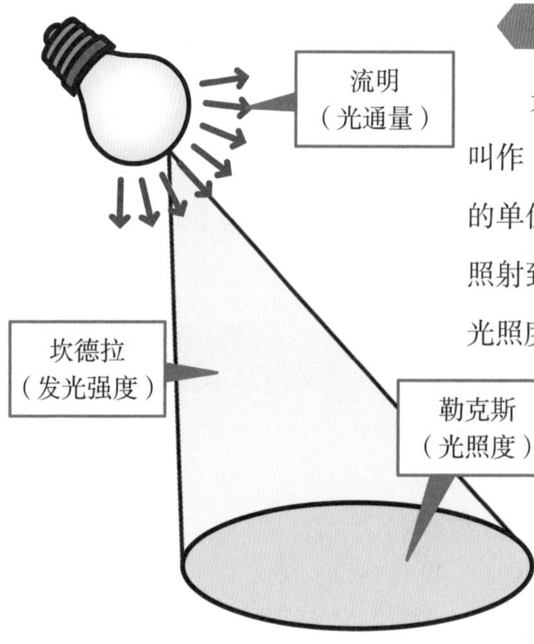

坎德拉、流明、勒克斯的区别

保护大家的照度标准

为了让使用者安全地使用各种设施设备，国家标准中规定了必须达到的照度，这叫作“照度标准”。

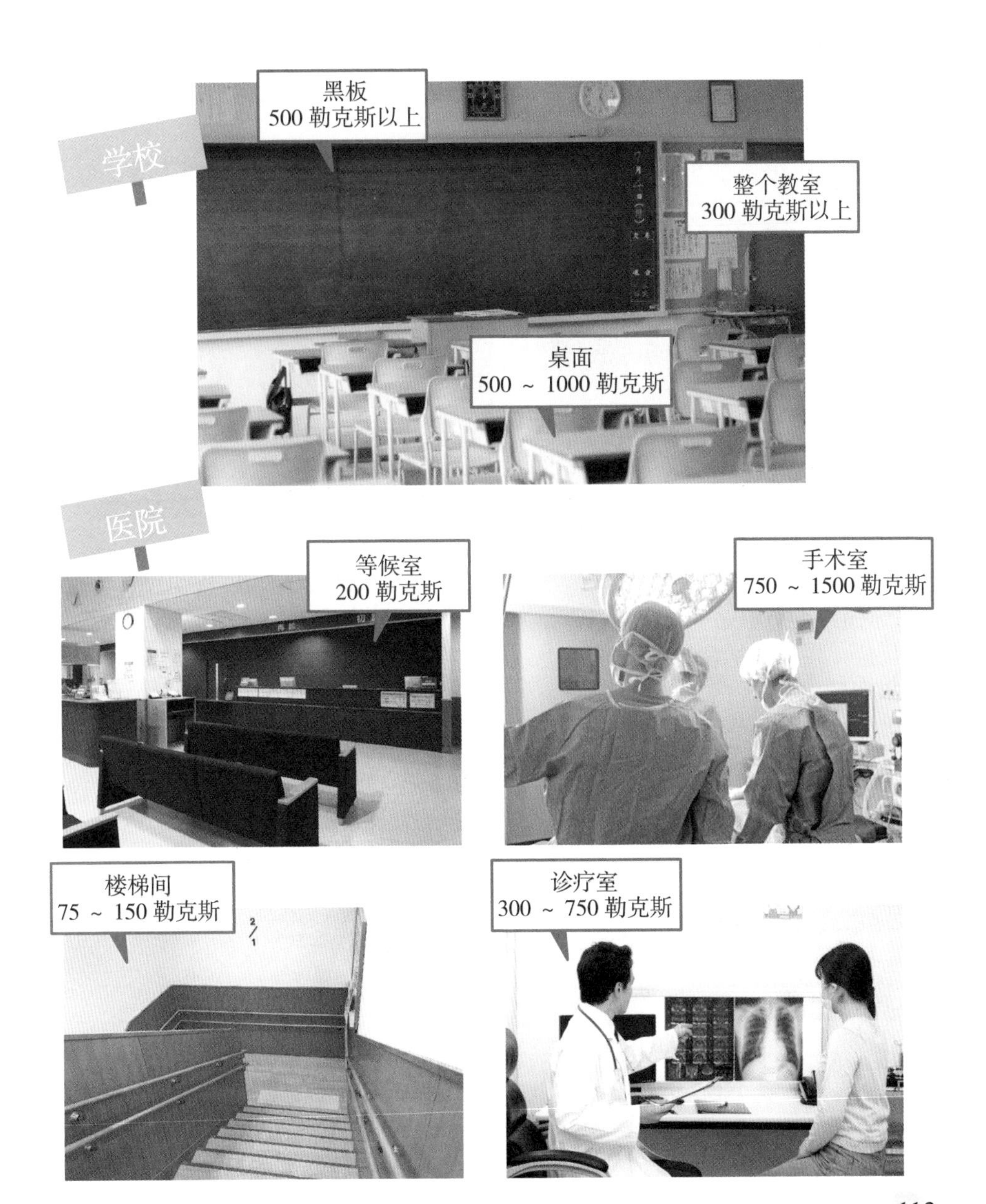

3. 比率的单位：千分比（‰）

千分比用来表示非常小的比例

千分比（‰）用于表示一个数值是另一个数值的千分之几，又称为千分率。1‰ =0.1%。

千分比用在很小的比例上，例如盐分的含量、坡道的倾斜度等。

坡道的倾斜度

乘火车的时候，我们会看到坡度标志，它表示的是坡道的倾斜程度。例如，20（千分比）的上坡标志，表示水平前进 1000 米，垂直上升 20 米的坡度。

瑞士的皮拉图斯峰

这里的坡度足有 480‰，非常陡峭，每水平前进 2 米，就要垂直上升 1 米。

盐分浓度

1 千克海水中含有的盐分约为 30 克，也就是盐分浓度为 30‰。

以色列的死海

盐分浓度约为 300‰，是普通海水的 10 倍！人跳进去也会浮在水面上。由于这里的盐分浓度太高，鱼类无法生存，所以被称为死海。

来看看陡峭的坡道

“暗峠”位于大阪府和奈良县之间的 308 号国道上，坡度约为 370‰～410‰。不要说日本，其放在全世界也是非常陡峭的坡道。

“高飞车”是位于山梨县富士吉田市富士急乐园的过山车，坡度无限大！可怕程度也无限大！为什么说是无限大呢？因为它几乎是垂直下落，这个角度无法换算成坡度。

4. 货币单位：元（¥）、美元（$）等

人民币（¥）是中国的国家货币

人民币是中国的法定货币，是中国经济主权的象征。人民币的单位为元，人民币辅币单位为角、分。1 元等于 10 角，1 角等于 10 分。目前，中国使用的是第五套人民币。1 元、5 元、10 元、20 元、50 元、100 元纸币背后的图案分别是西湖三潭印月、泰山、长江三峡的瞿塘峡夔门、桂林山水、布达拉宫、人民大会堂。

20 元纸币

1 元硬币

美元（$）是美国、巴拿马等国家的货币

1 美元纸币

美元是美国的货币单位。美元在英语里叫作“dollar”，不过除了美元，还有澳大利亚元、加拿大元等货币也叫“dollar”。但一般说到“dollar”，都是指美元。

美元 · 美分的货币制度建立于 1792 年。“美分”是辅币单位，100 美分 =1 美元。

25 美分　10 美分　5 美分　1 美分

多种面值的硬币

世界上其他国家或组织的货币

英国

£英镑

1 英镑硬币

5 英镑纸币

欧盟

法国、德国、意大利等欧洲20国（截至2024年1月）

€欧元

2 欧元硬币

500 欧元纸币

日本

¥日元

多种面值的硬币

1 万日元纸币

韩国

₩韩元

100 韩元硬币

1 万韩元纸币

世界上还有更多的货币呢！

真想去世界各地旅行啊！

表示经济力的数字“巨无霸指数”

你知道吗，中国和美国的麦当劳巨无霸价格是不一样的。

2022 年 2 月，麦当劳单个巨无霸汉堡在美国的售价是 5.81 美元，相当于人民币 37 元；在中国的售价大约是 25 元。统一成同样的单位时本应该具有相同的价格，但实际上相差这么多，真叫人吃惊。

为什么在不同的国家，同样的商品会有不同的价格呢？这是因为，不同国家的货币所具有的“力量”是有差异的。

不同国家的货币“力量”的差异与“汇率”有关，而“巨无霸指数”则是将这种差异用通俗易懂的方式表现了出来。这个指数是英国《经济学家》杂志编制的一个不是非常严谨的指数，用作各国币值是否被低估或高估的指标。

为了理解单位的差异，出现了新的单位。单位真是很神奇的东西呀！

美国约 37 元

中国约 25 元

都是巨无霸，
差价叫人怕！

网络社会的货币：比特币

比特币（BTC）是一种仅通过电子数据交易的货币。它和国家发行的货币不同，主要用于网络交易，没有纸币和硬币的形态。

比特币于2009年正式诞生，在这之后出现了许多其他的“虚拟货币”，并迅速普及开来。比特币使用加密数字技术，不属于任何国家，不受全球任何单位的监管。在中国，它不具备与法定货币等同的法律地位。

5. 历法的单位：世纪

世纪是以 100 年为一个整体来计算的

将 100 年作为一个整体，是公历的计算方法。1 个世纪 =100 年。

计算的起点是传说中耶稣诞生的那一年。晚于耶稣诞生年的叫作“公元”，耶稣诞生年叫作公元 1 年。相反地，早于耶稣诞生年的叫作“公元前”。

20 世纪从 1901 年 1 月 1 日开始，到 2000 年 12 月 31 日结束。从 2001 年 1 月 1 日开始，我们进入了 21 世纪。

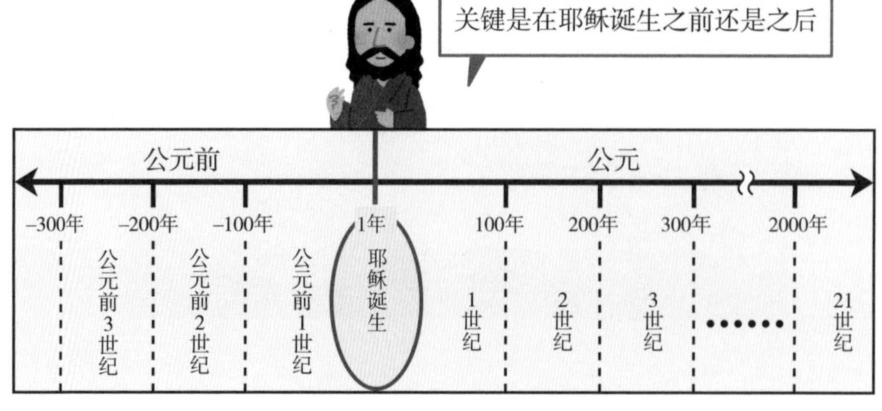

公元前和公元的计算方法

耶稣诞生年不是公元 0 年。

世纪的计算方法有诀窍呢！

1 年的长度是由太阳或月亮的运动决定的

太阳历

地球围绕太阳旋转，这叫作公转。太阳历就是以地球的公转为基准决定的。1 年有 365 天，每 4 年有 1 个闰年，闰年有 366 天。之所以会有闰年，是为了调整历法和地球公转周期之间的偏差。现在大家用的日历，都是这样的太阳历。

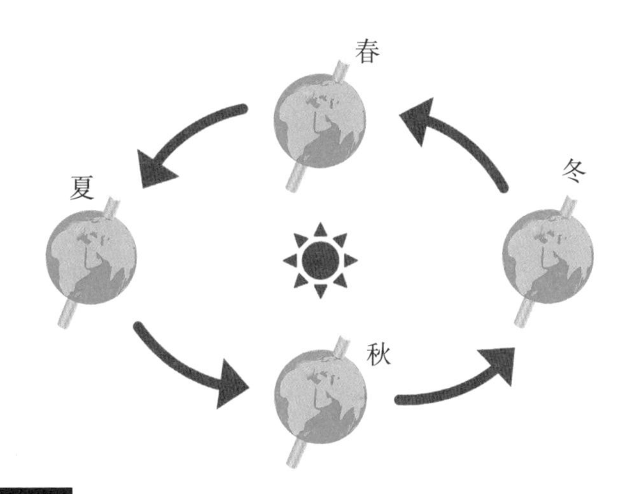

太阳历　以地球绕太阳公转的时间为基准，历法与季节一致

太阴历

太阴历是以月亮的盈亏为基准制定的历法。月亮变化的一个周期就是 1 个月，1 个月要么是 29 天，要么是 30 天。

伊斯兰国家使用的“伊斯兰历”就是太阴历。伊斯兰历和太阳历的季节偏差很大，所以每隔 2 ~ 3 年，就需要给当年加上 1 个月，变成 13 个月。

太阴历　以月亮的盈亏为基准计算“月”“日”，历法与季节不一致

阴阳合历

中国传统的“农历”是阴阳合历，由位于江苏省南京市的中国科学院紫金山天文台负责计算。农历是根据月相的变化周期，将每一次月相朔望变化定为一个月，并参考太阳回归年为一年的长度，加入二十四节气与闰月。辛亥革命（1912 年）之后，中国开始采用西方的公历，同时也使用传统的农历。

阴阳合历　以月亮的盈亏为基准计算“月”“日”，以太阳的位置为基准确定季节

以前的单位

古时候人们使用的单位，有的现在还在使用

长度单位：尺、寸、丈、里

尺 1 尺 =1/3 米。约为摊开手时从拇指到中指顶端的长度的 2 倍。在不同朝代，“尺”的长度是不同的。周秦汉时 1 尺 ≈ 0.23 米，我们通过《邹忌讽齐王纳谏》中的“邹忌修八尺有余”，可知邹忌是约 1.84 米的男子。到了隋唐时期，1 尺 ≈ 0.3 米，宋元明清时期 1 尺 ≈ 0.31 米。

寸 1 寸 =1/10 尺 =1/30 米。大约相当于拇指的宽度的 2 倍。

丈 1 丈 =10 尺。

里 1 里 =150 丈 =500 米。上古时 1 里等于 300 步。

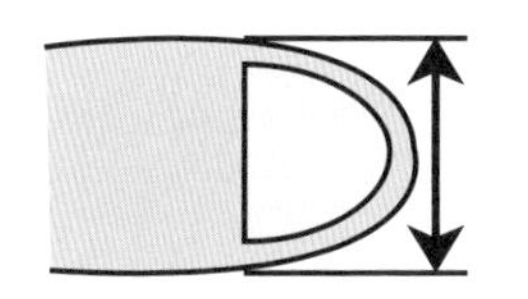

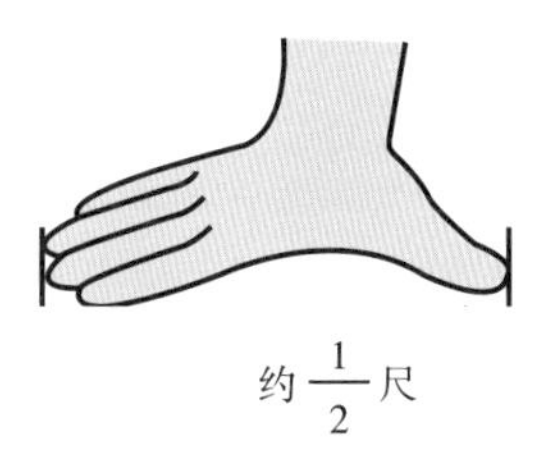

面积单位：亩、顷

亩 1 亩≈ 666.7 平方米。中国古代的面积单位主要用于丈量土地，其中最常用的就是亩，亩在不同的朝代指代的具体大小并不相同。如在周代，“百步为亩”，以 100 步为边长的正方形就是 1 亩。

顷 1 顷 =100 亩。

中国古代还有特殊的面积单位：雉、堵、板。它们都是测量城墙面积用到的单位。《礼记 · 坊记》中提到：都城不过百雉。在古代，城墙和宫室大小都有严格的规定，不得僭越。

质量单位：钱、斤、两、钧

钱 1 钱 =5 克。古时候人们以一文钱的质量为标准，制定了这个单位。

斤 1 斤 =500 克。斤是较大的质量单位，不同历史时期的斤代表的质量有所不同，如秦朝和西汉时期 1 斤约 256 克，东汉、魏晋时期 1 斤约 224 克，隋唐、北宋时期 1 斤约 640 克，南宋、明清、民国时期 1 斤约 600 克。到了现代，1 斤被规定为 500 克。

两 1 两 =50 克。两是古代的基本质量单位。

钧 1 钧 =30 斤。古时，人们用“钧”来比喻国家政务，执政称为“秉钧”。

珍珠交易的质量单位之一“momme”（毛美）

体积单位：升、斗

升 1 升 =1000 毫升。古代基本的体积计算单位。在过去，升表示的体积越来越大。战国时期的秦国已出现官制“商鞅铜方升”，1 升是 202.15 毫升；到清代 1 升约为 1035.5 毫升，已接近于现代公制了。

斗 1 斗 =10 升。中国古代有“升斗小民”的词语，意思是家里没有多余的粮食，指代贫穷的老百姓。

6. 矿物质量和硬度的单位：克拉、莫氏硬度

这些都是与矿物有关的单位

克拉

克拉是金刚石的标准质量单位，主要用在钻石上，1 克拉 =200 毫克。

“克拉”的英文是“carat”，这个词最早指角豆树的种子。阿拉伯商人把它用在宝石交易上，克拉因此得名。其质量在 200 毫克左右，所以 1 克拉就被定为 200 毫克。

莫氏硬度

莫氏硬度是表示矿物硬度的单位。最硬的矿物为“10”，最软的矿物为“1”。用金刚钻针刻划矿物表面，划痕的深度就是莫氏硬度。顺便说一句，哪怕是莫氏硬度最高的、硬度为 10 的钻石重重摔在地上，也是会碎的。

电气石：硬度 7

蓝宝石：硬度 9

钻石：硬度 10

钻石是我的好朋友，我们之间有着“坚硬”的友情！

琥珀：硬度 2

萤石：硬度 4

磷灰石：硬度 5

月球上的石头硬度是多少

1969 年 NASA 发射的“阿波罗 11 号”首次成功登上月球。宇航员在月面进行探测，采集了月球的石头样本带回地球。

科学家分析后发现，月球石头的莫氏硬度约为 7.5。

月球的石头不是最硬的呀！

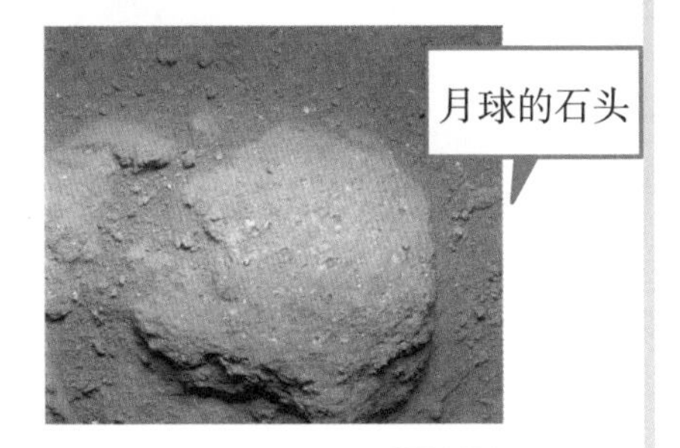

©NASA

但是，月球的石头要比地球上所有的石头都古老。

日本国立科学博物馆里保存着来自月球的石头

小专栏

那些神秘的记号

日常生活中经常看到的单位到底是什么意思

H/F/B

这是表示铅笔芯硬度和浓度的单位。H 越大表示越硬，B 越大表示越软。F 位于两者之间。

买铅笔的时候，看到上面写的 B 和 H 的数字，不知道该买哪个才好。

铅笔芯越软，写出来的字就越浓，所以用数字大的 B 的铅笔，写出的字更黑更浓。

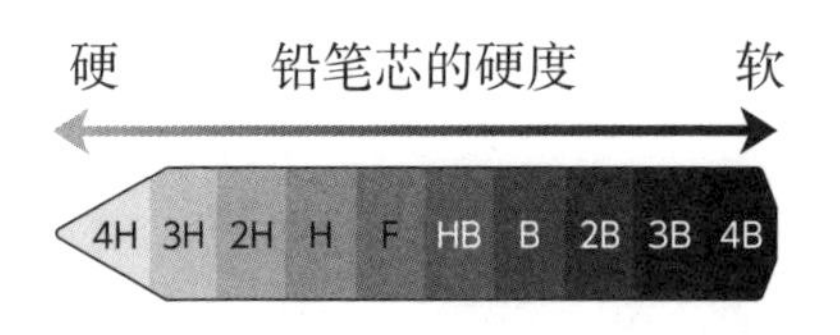

黑色铅笔的笔芯硬度分为 H、F、B 几类

SPF

SPF（防晒系数）表示防晒霜具有多强的防晒效果。SPF10的意思是，和不涂的时候相比，只有在阳光下晒原时间10倍的时间，才会出现皮肤晒红的情况。

	SPF 10	SPF 20	SPF 30	SPF 40	SPF 50	SPF 50+
PA+	散步、购物等日常活动					
PA++		在室外进行轻运动或休闲活动		在烈日下进行休闲活动，或者在度假区进行水上运动		
PA+++						
PA++++						

SPF 值越大，防止皮肤晒红的效果越好。
PA 后面的“+”越多，防止皮肤晒黑的效果越好。

本章收录的单位有助于我们了解计算机和手机等数字设备的机制。掌握这些单位，对于我们选择和购买数字设备十分有用。

1 比特
或者

第六章 数字信息的单位

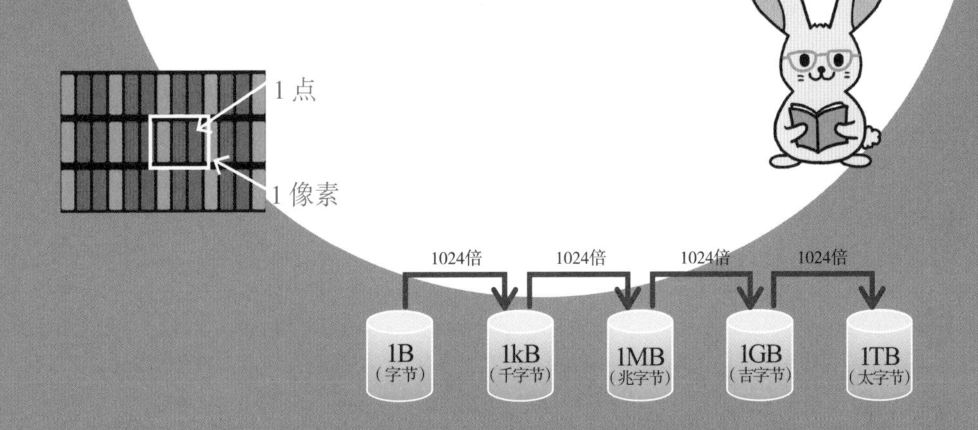
1 点
1 像素
1024倍
1024倍
1024倍
1024倍
1B（字节）
1kB（千字节）
1MB（兆字节）
1GB（吉字节）
1TB（太字节）

1. 信息量的单位：比特（b）、字节（B）

在计算机的世界里，数字用的是“二进制”

在计算机中，所有的信息都是用“0”和“1”表示的。因此，在计算机的世界里，“0”和“1”就构成了一组单位。

我们平时使用的数字以“0 ~ 9”为一组，到了 10 就会升一位。这叫作十进制，因为用了 10 个数字。

在计算机的世界里，只用“0”和“1”两个数字，所以叫作二进制。

在十进制中，1 的后面是 2。但在二进制中，1 的后面是 10。

这么说你可能会觉得有点难，不过计算机会把“0”和“1”转换成我们能够理解的文字和数字显示出来，所以平时在用电脑和手机的时候，我们并不会遇到困难。

实际的数字	二进制（读法）	十进制
🍎	………1	1
🍎🍎	………10（1、0）	2
🍎🍎🍎	………11（1、1）	3
🍎🍎🍎🍎	………100（1、0、0）	4
🍎🍎🍎🍎🍎	………101（1、0、1）	5

二进制与十进制

计算机中信息的最小单位是比特（b）

计算机以电信号的“开”和“关”来处理信号，所以采用二进制，“开”=“1”“关”=“0”。因此，二进制的1个“位”就是信息量的最小单位，称为“比特”。1比特会表示成“0”或“1”，它也是计算机中信息的基本单位。

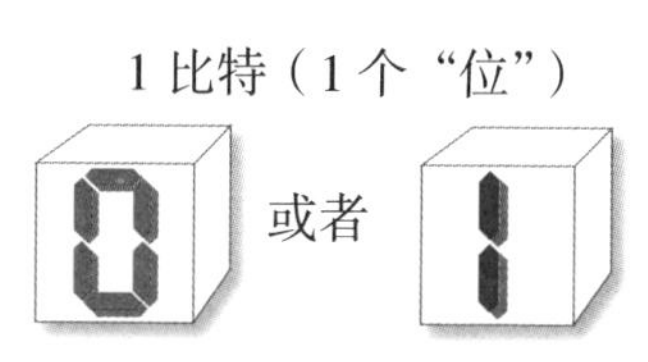

我们可以用信息量来表示计算机的能力。“64比特的处理速度”，指的是可以一次性处理64位的二进制数。

8比特等于1字节（B）

8位的二进制数叫作“字节”。对于计算机来说，这个8位的“字节”是比“比特”高一级的单位。1比特能够表示“0”和“1”2种信息，所以8个比特合在一起可以表示256种信息。

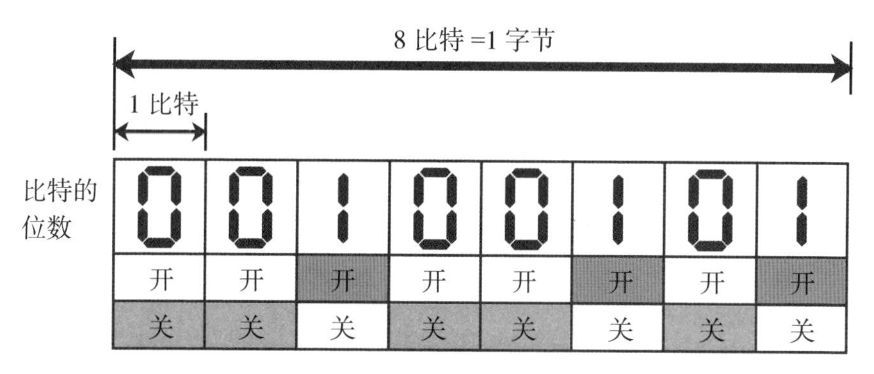

2. 时钟频率和传输速度的单位：频率（Hz）、比特率（bps）

时钟频率是计算机速度的决定因素

计算机的大脑是 CPU（中央处理器），而表示 CPU 性能的就是时钟频率。计算机总是按照一定的周期运行，“时钟频率”可用于表示每秒有多少个时钟周期，它的单位是赫兹（Hz）。

时钟频率越高，计算速度越快。

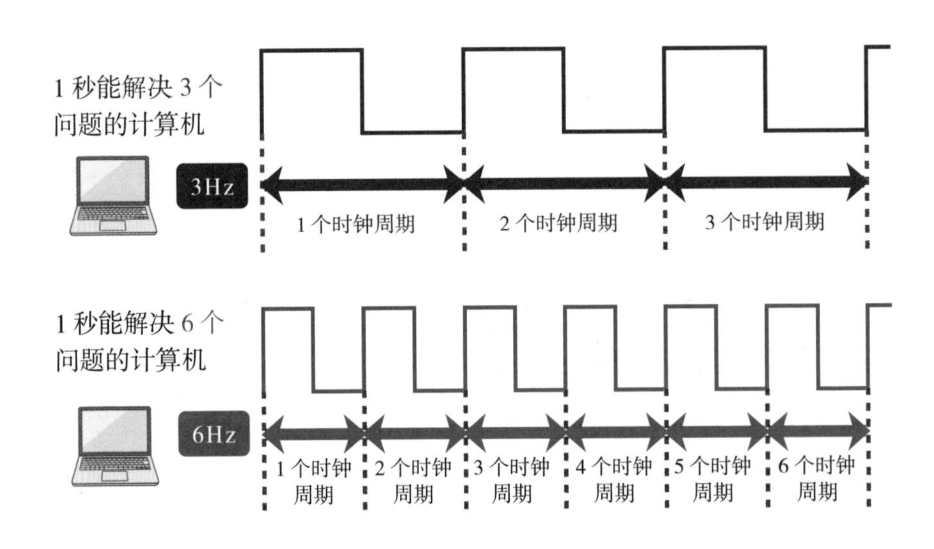

在同样的时间里，能解决多少问题

比特率（bps）表示互联网的速度

比特率（bps）是表示数据传输速度的单位。它是“bit per second”（比特每秒）的缩写，表示“1 秒内可以传输多少比特的信息”。bps 越大，互联网的速度越快。

这是表示传输速度的单位。

通信速度包括上行速度和下行速度

网络通信可分为“上行”和“下行”两类，它们各有不同的作用。

上行是计算机或手机向网络发送信息的速度。上行速度越快，发送邮件、上传图像和视频的速度就越快。

下行是从网络接收信息的速度。下行速度越快，接收邮件和下载文件的速度就越快。

和地铁、火车的“上行”“下行”意思不一样。

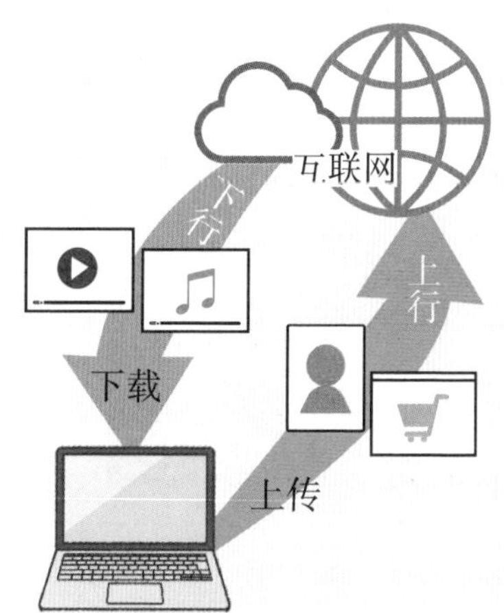

3. 画质的单位：像素（px）、点（dot）、每英寸点数（dpi）

像素是数字图像的基本元素

电脑和手机上显示的图像又清晰又平滑，简直像真的一样。但实际上，数字设备上显示的图像，全都是靠小方块构成的。这种小方块叫作“像素”（px），由像素构成的图像叫作数字图像。

像素有红绿蓝三种颜色，这叫作“三原色”。三原色组合后可以表现出所有的颜色。

有时候，我们会在数码相机或手机拍摄的照片上看到“200 万像素”之类的内容，它的意思是说，这张照片包含了 200 万个像素。

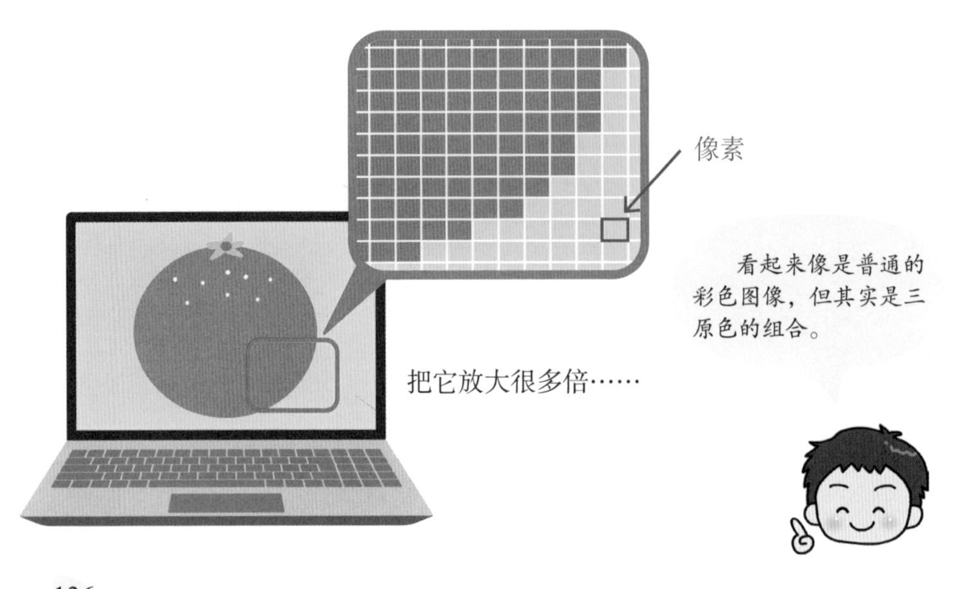

电脑上的画面，都是靠“点”显示的

“点”（dot）指的是数字图像中包含的点。和像素一样，数字图像中包含的“点”越多，看起来就越清晰。

不过，点和像素有个小小的区别。点这个单位，只能表示三原色中的一种颜色。换句话说，3 点 =1 像素。

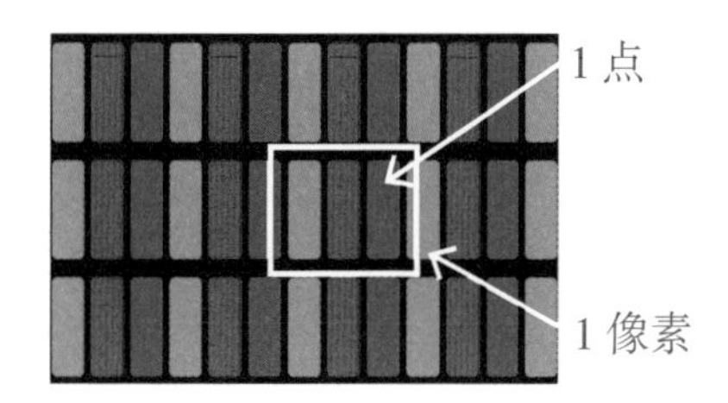

好厉害！每英寸点数越大，画面越清晰

“每英寸点数”（dpi）是数字图像“分辨率”的单位。

分辨率指的是图像的清晰程度，它表示 1 英寸中有多少个“点”。

dpi 的值越大，就意味着点数越多，图像自然也越清晰。

例如：300dpi 的图片

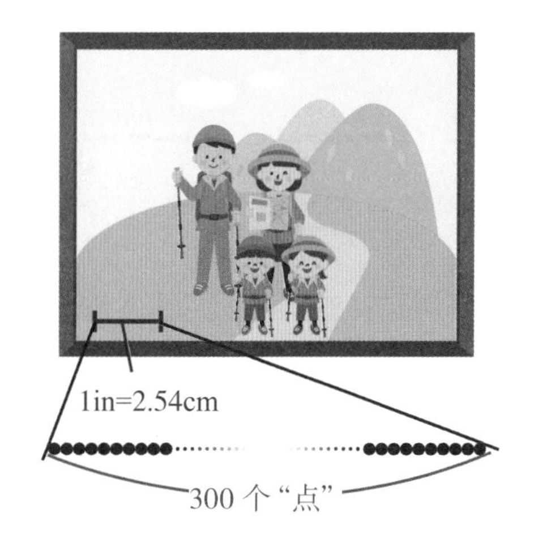

大信息量的表示方法

我们在前面介绍过，表示计算机中信息量的单位是“字节”，不过近年来计算机和手机的信息量越来越大，所以在这里需要再进一步做出说明。

表示信息量的单位还有千字节（kB）、兆字节（MB）、吉字节（GB），每个单位都是前一个的 1024（2^{10}）倍。也就是说，1024B=1kB，1024kB=1MB，1024MB=1GB。

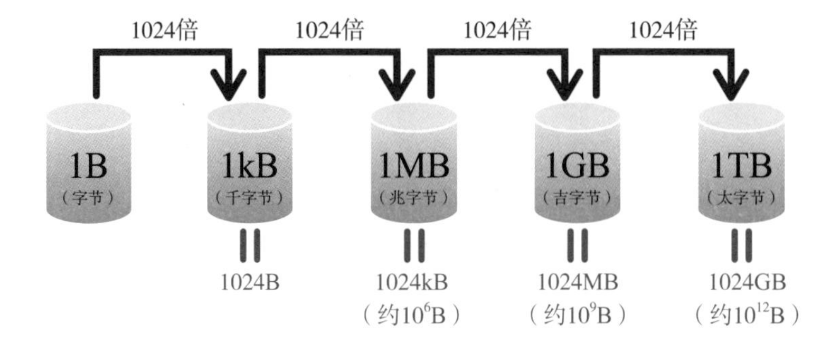

与时代共同成长的存储容量

软盘

软盘是个人计算机中最早使用的可移动存储载体。比较常用的是3.5 英寸软盘。

光盘

1965 年，美国发明家詹姆斯·拉塞尔发明了光盘。光盘是用激光扫描的记录和读出方式保存信息的一种存储载体。

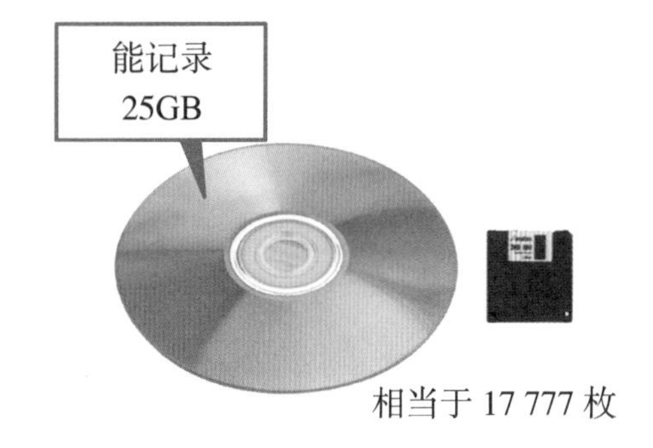

相当于 17 777 枚

硬盘

硬盘是计算机最主要的存储设备，被密封固定在硬盘驱动器中。随着时代发展，可移动硬盘也出现了，而且越来越普及，存储容量也越来越大。另外，还出现了更为快捷、方便的互联网存储工具云盘。

相当于 2 912 711 枚